陕西省煤矿水害防治技术重点实验室开放基金(6000200348)资助
陕西省煤炭绿色开发地质保障重点实验室专项基金(DZBZ2021Z-06、DZBZ2022Z-02)资助
国家自然科学基金(41972288、41807233)资助

鄂尔多斯盆地东北缘火烧岩成因及地质灾害效应

孙　强　　王少飞　　耿济世
魏少妮　　张卫强　　丁晓英　　著

U0337591

中国矿业大学出版社

· 徐州 ·

内 容 简 介

本书是关于火烧岩成因及地质灾害效应的入门专著。内容从鄂尔多斯盆地东北缘火烧岩分布规律及地质成因入手,利用声发射技术对研究区火烧岩曾经历的历史最高温度进行识别,完成火烧岩岩石分类。重点选取 7 处野外典型剖面,结合现场分析与室内试验,对火烧岩物理力学特性进行分析。书中突出了不同类型火烧岩岩体结构特征,并对其引起的地质灾害效应进行了分析,内容可为火烧岩区边坡工程、地下工程、水利水电工程和生态环境保护等方面的研究提供借鉴。

本书可供从事地质工程、土木工程、岩土工程、环境工程的专家、学者以及相关专业的研究生参考。

图书在版编目(C I P)数据

鄂尔多斯盆地东北缘火烧岩成因及地质灾害效应/
孙强等著. 一徐州:中国矿业大学出版社,2023.6
　　ISBN 978 - 7 - 5646 - 5555 - 6

　　Ⅰ. ①鄂… 　Ⅱ. ①孙… 　Ⅲ. ①鄂尔多斯盆地—煤层—
地质构造—研究 　Ⅳ. ①P618.110.2

　　中国版本图书馆 CIP 数据核字(2022)第 173742 号

书　　　名　鄂尔多斯盆地东北缘火烧岩成因及地质灾害效应
著　　　者　孙　强　王少飞　耿济世　魏少妮　张卫强　丁晓英
责任编辑　陈　慧
出版发行　中国矿业大学出版社有限责任公司
　　　　　　（江苏省徐州市解放南路　邮编 221008）
营销热线　(0516)83884103　83885105
出版服务　(0516)83995789　83884920
网　　　址　http://www.cumtp.com　E-mail:cumtpvip@cumtp.com
印　　　刷　徐州中矿大印发科技有限公司
开　　　本　787 mm×1092 mm　1/16　印张 11.25　字数 208 千字
版次印次　2023 年 6 月第 1 版　　2023 年 6 月第 1 次印刷
定　　　价　49.00 元

（图书出现印装质量问题,本社负责调换）

序

　　火烧岩是地质露头中煤层自燃引起围岩热变质或热改性后形成的一种特殊变质岩,在我国新疆、内蒙古、甘肃、青海、陕西等煤田区广泛分布。在自燃煤层的高温烘烤下,火烧岩的原始结构遭到明显破坏,孔裂隙发育,渗透性和导水性增强,强度劣化,岩体质量变差,对其水文地质特性和工程地质特性有着重要影响,从而对生态环境和火烧区岩体工程带来一系列危害,如火烧岩区土地沙化、水土流失与植被退化,火烧岩区地面塌陷与裂缝,火烧岩区矿井水害,火烧岩边坡崩塌失稳等。火烧岩因其特殊的岩石学、矿物学和地球化学特征,可作为煤矿的找矿标志,其岩层是矿井用水的重要供水含水层。此外,火烧岩与煤层形成以来所经历的构造运动、古气候和古地理以及煤自燃的诱因与过程息息相关。因此,进行鄂尔多斯盆地火烧岩成因及地质灾害效应研究工作对火烧岩的烧变特征、成岩模式、工程地质影响以及火烧岩地质灾害防灾减灾具有重要意义。

　　《鄂尔多斯盆地东北缘火烧岩成因及地质灾害效应》一书,从鄂尔多斯盆地火烧岩分区与构造成因方面入手,通过野外调查、室内试验和综合分析等方法,划定了鄂尔多斯盆地东北缘火烧岩分布范围,探究了火烧岩成因及其演化过程,阐明了火烧岩形成模式,剖析了火烧岩物理力学特征及微观结构构造变化,探讨了火烧岩区岩体损伤特征,明确了火烧岩类型,构建了典型火烧岩质量分级指标,揭示了火烧岩区的地质灾害、生态环境等工程地质效应机制,为火烧岩区工程建设过程中遇到的地质环境问题提供理论依据和支撑。该书学术价值突出,工程应用意义显著,相信该书的出版定会进一步推动西部生态脆弱矿区火烧岩灾变效应研究领域的理论和应用发展。

中国工程院院士

王双明

前　言

　　火烧岩作为煤层自燃的重要产物,在中国西北地区广泛分布,其内部丰富的孔裂隙不仅影响地下水运移和生态环境变迁,还会加剧地质灾害的发生。本书以鄂尔多斯盆地东北缘火烧岩为研究对象,在野外地质调查的基础上,结合典型火烧岩地层剖面特征,划定火烧岩分布范围,分析火烧岩成因及演化过程,建立火烧岩成岩模式。本书对火烧岩色度、孔隙结构、磁化率、导热性、强度等物理力学特征进行研究,同时根据火烧岩烧变温度和微观结构损伤识别方法,明确火烧岩类型,并揭示其岩体质量特征,进而阐明火烧岩区地质灾害效应与生态环境效应问题。

　　通过研究取得以下结论与认识:

　　(1)阐明了鄂尔多斯盆地东北缘火烧岩分布规律及地质成因。基于煤系地层特征和现场地质调查,将研究区划分为侏罗系火烧岩区和石炭-二叠系火烧岩区两个区。侏罗系火烧岩区西部边界与萨拉乌苏组含水层界限相吻合,北部边界位于伊盟隆起南翼,南部主要处于陕北斜坡东北角的黄土梁峁地貌区;石炭-二叠系火烧岩区主要处于研究区内黄河两岸的石炭-二叠系地层上部,地貌形态为中山、中低山。研究区主要构造有陕北斜坡、晋西挠褶带和伊盟隆起,燕山运动与喜马拉雅造山运动的强烈作用使研究区东部形成褶皱和伊盟隆起快速抬升,在黄河及其支流水系下切、剥蚀作用下,侏罗系上部煤层和石炭-二叠系煤层出露地表,煤层发生多期燃烧,形成火烧岩。

　　(2)利用声发射热 Kaiser 效应对研究区火烧岩经历的历史最高温度进行识别与预测,提出了鄂尔多斯盆地东北缘火烧岩分类及成岩模式。书中将火烧岩分为烘烤岩、烘变岩、烧结岩和烧熔岩 4 类,其中烘烤岩的形成温度小于 300 ℃,烘变岩的形成温度为 300～1 000 ℃,烧结岩和烧熔岩的形成温度高于 1 000 ℃。烘烤岩与烘变岩距火源大于 5 m,岩石结构构造与成分等变化较小;烧结岩的成岩模式包括"垮落-黏结式"和"断层-黏结式"两种;烧熔岩具有"接触面烧熔"和"裂隙带烧熔"两种成岩模式。

（3）结合7处野外典型剖面地质调查，通过对鄂尔多斯盆地东北缘火烧岩物理力学特性的分析，得到明确结论：鄂尔多斯盆地东北缘火烧岩随着烧变程度的增加，岩体色度逐渐加深，磁化率逐渐升高，导热系数则显著降低；从烘烤岩到烘变岩，岩石的有效孔隙增多，渗透率增大，岩石的密度降低，抗拉强度和抗压强度有所提高；随着水岩作用循环次数的增加，火烧岩质损率较小且变化不大。

（4）根据火烧岩的岩体质量特征，采用离散元方法进行验证，揭示了鄂尔多斯盆地东北缘火烧岩区地质灾害效应。随着烧变程度的加深，火烧岩岩体的节理裂隙发育程度增加；岩体结构从层状变成碎裂状；岩体质量降低，易发生滑坡、崩塌、地面沉降与塌陷等地质灾害，且侏罗系火烧岩区地质灾害、生态环境破坏和矿井水害效应更加明显。

特别感谢王双明院士为本书作序；感谢陕西省煤炭绿色开发地质保障重点实验室、陕西省煤矿水害防治技术重点实验室支持；感谢西安科技大学煤炭绿色开采地质研究院和地质与环境学院支持；感谢中国矿业大学资源学院李文平教授和隋旺华教授的鼓励与支持；感谢中国科学院地质与地球物理研究所薛雷副研究员的帮助；感谢陕西地矿第二综合物探大队有限公司现小多工程师在野外采样中的帮助；感谢葛振龙、薛圣泽、王子毓、白国刚、胡鑫、袁士豪、杨天、李鹏飞、丁锐、张鹤、赵雨阳、景旭东、曹远鹏、辛远等在成书过程中的辛苦工作。

感谢陕西省煤矿水害防治技术重点实验室开放基金（6000200348）、陕西省煤炭绿色开发地质保障重点实验室专项基金（DZBZ2021Z-06、DZBZ2022Z-02）国家自然科学基金（41972288、41807233）等项目的资助。

由于作者水平有限，书中不妥或疏漏之处，敬请批评指正。

著　者

2023 年 2 月

目　录

1 绪 论

1.1 研究背景与意义

鄂尔多斯盆地不仅含有丰富的煤炭资源[1],还蕴藏着储量十分可观的石油和天然气,是我国西北地区油气田的核心组成部分[2-3],且风能资源和太阳能资源富集[4]。鄂尔多斯盆地东北缘分布着许多重要的侏罗系和石炭-二叠系煤田,主要煤层煤岩变质程度低,以长焰煤和气煤为主[5-6]。20 Ma±以来,该区域曾多次发生大规模地史时期古煤层燃烧和现代煤层燃烧事件,形成了大量隐伏和出露地表的火烧岩[7-8]。火烧岩地区地质条件复杂多变,在矿产开采过程中常出现不可预测的地质灾害[9],不仅对采矿场地、石油和天然气管道、电力电缆、铁路、道路、地下存储库和工业与民用建筑等一系列基础工程设施的安全性造成很大的威胁,而且会对自然资源、生态环境、生命和财产安全造成无法挽回的损失[10-11]。

火烧岩是煤层围岩在自燃煤层的高温烘烤下发生烧熔、烧结、烘变和烘烤等作用而形成的一类特殊岩石[12]。火烧岩具有岩体结构疏松、孔裂隙及孔洞发育且孔裂隙之间连通性好等特点,成为具有良好供水意义和生态价值的含水层,同时也是煤炭开采过程中渗漏、涌水和突水等水文地质灾害的载体[13]。此外,火烧岩区还存在边坡变形失稳、地面沉降及塌陷、地下工程塌方和生态环境破坏等工程地质问题[14-15]。目前关于火烧岩的研究主要集中于矿区内火烧岩异于三大岩的特性问题、地下水运移规律、火烧岩含水层水害模式分析及涌水量预测等方面[16-17],而关于鄂尔多斯盆地东北缘火烧岩的分布范围划定、火烧岩成因及分类、火烧岩区岩体结构及工程地质环境效应的研究还不够系统和深入。

因此,分析鄂尔多斯盆地东北缘地质构造演化特征,可以从宏观角度认识火烧岩的分布规律和地质成因,有助于对火烧岩的成岩模式进行更深层次的研究;分析火烧岩的微观结构和宏观物理力学性质,有助于对火烧岩种类及岩体结构类型进行划分和野外识别;分析火烧岩的岩石和岩体结构特征,有助于研究火烧岩区地质灾害发生机理,揭示火烧岩区生态环境效应问题,为矿区安全开采和工程建设提供理论依据和技术支撑。

1.2 国内外研究现状

1.2.1 全球火烧岩分布

火烧岩在主要产煤国普遍存在[18],如美国 Powder River Basin 东部[19-20]、俄罗斯 Kansk-Achinsk Basin 西部[21]和 Kuznetsk Basin[22]、罗马尼亚 Dacic Basin 西部[23]、澳大利亚 Wingen 附近的火焰山[24]、印度 Jharia Coalfield[25]、印度尼西亚 Sumatra Island[26]等地均可见火烧岩。Novikova 等通过对 Goose Lake Depression 燃烧变质岩进行$^{40}Ar/^{39}Ar$测年,发现岩浆长石在燃烧过程中失去了所有的放射性氩,并证明了含 K-Na 长石遗迹的玻璃状 Combustion Metamorphic 岩石可正确测定燃烧变质古事件的$^{40}Ar/^{39}Ar$年龄[27]。Sharygin 等在塔吉克斯坦中部的 Fan-Yagnob 煤矿发现了一种由拉瓦特天然煤火中的沉积原岩完全熔融而成的火烧岩,并对其矿物成分和形成原因进行了分析[28]。

Öttl[29]等指出中国作为世界上主要的煤田分布国家之一,其火烧岩的分布也十分广泛。在中国准格尔盆地东部[30-31]、鄂尔多斯盆地东北部的煤田区[32-33]、内蒙古多地[34-35]、塔里木盆地[36-37]、新疆乌鲁木齐天山山麓[38-39]均可见火烧岩出露。夏斐等[40]指出在陕北的柠条塔井田中部存在大量"色彩斑斓"的火烧岩,形成特有的地貌景观。贾文凯等[41]在陕西省神木市的李家沟煤矿发现出露厚度约 8~56 m 的大面积火烧岩,并对煤矿火烧岩的分布规律和水文地质特征进行了探究。朱颜彬[42]在陕北神府矿区的牛梁井田发现出露厚度 0~55 m 的大面积条带状火烧岩。

1.2.2 火烧岩成因

火烧岩是岩石受煤层燃烧的高温作用后,颜色、结构、构造、矿物成分、化学组成和物理力学性质发生明显变化而形成的一类特殊岩石[43],它具有火成岩、沉积岩及变质岩的部分特征,也具有与某些火成岩和变质岩相似的成岩过程[44-45],见图 1-1。Heffern 等[46]认为火烧岩性质与其成岩原岩性质有关。

（a）砂岩烧变后形成的火烧岩节理裂隙发育，
泥岩烧变后形成的火烧岩易风化

（b）角砾状，杂色

（c）煤灰层上部为火烧岩，下部为砂岩

（d）火烧岩岩体破碎

（e）火烧岩采石场剖面

（f）未被风化的火烧岩露头

图 1-1　火烧岩照片

Masalehdani 等[47]研究新西兰罗托瓦罗煤田燃烧煤层时发现,火烧岩经过高温烧变作用后的烧熔物中含有异常丰富的铁质矿物(磁铁矿、赤铁矿、铁尖晶石等),且呈现出树枝状、淬火状、溶出状和氧化状等各种结构和形态。根据 Popov 的岩石热导理论,可知火烧岩形成的主要原因是煤层燃烧产生的热量不能迅速扩散而聚集在煤层附近,尤其是上覆围岩区域,岩石长期受到炙热烘烤,发生复杂的物理化学反应,新的岩石物理化学性质异于原岩,颜色以红色系为主,成分多以砂岩与泥岩为主,统一称之为火烧岩[48]。Sýkorová 等[49]从火烧岩的矿物学特征入手,进行了详细研究,发现不同地区火烧岩的矿物组成差异较大,所表现出的物理化学特性差异也较大。

早期中国煤田地质队将火烧岩称为"煤自燃形成的红色砂岩"。刘志坚[50]认为这种红色砂岩具有火成岩、沉积岩以及变质岩的特征,是一种介于三大岩类之间的新型岩石。Foit 等[51]在美国怀俄明州布法罗市发现了一种"类似矿渣的彩色泡状岩石",经分析,这种岩石是由于近地表煤层燃烧产生的高温烘烤围岩,并部分融熔了近 20 m 厚的砂岩产生的,具有多气孔、流纹状等岩浆岩的特性,矿物成分分析表明其主要成分是斜辉石、橄榄石等,都是岩浆岩中常见的矿物。Cosca 等[52]在研究怀俄明州粉河盆地煤田时,也提到了这种与燃烧煤层有关的热变质岩。Sokol 等[53]通过光学显微镜及电子探针等技术对烧变岩的矿物学特征进行了详细研究,发现烧变岩中含有许多稀有矿物(如磷石英、莫来石等)。此外,由于烧变过程中熔融、混合、结晶、挥发等各种物理化学反应不平衡,所以烧熔岩的矿物成分、结构和化学特征也不尽相同。王志宇等[54]对火烧岩的致色机理进行分析,认为火烧岩的原生色受多种矿物混合控制,次生色主要受铁和锰的氧化物控制,呈现黄、红、紫、棕、灰、黑等颜色。

1.2.3　火烧岩区工程地质问题

王双明等[55]在研究鄂尔多斯含煤盆地时提到火烧岩岩体孔裂隙发育,呈碎裂结构,岩体的强度大幅度降低。孙家齐等[56]通过对新疆乌鲁木齐西山煤矿火烧岩岩石特征进行研究,将火烧岩划分为烧熔岩和烧变岩两类,就局部变化特征来看,火烧岩力学强度参数均有所降低,而烧熔岩却有抗风化、强度高的特点。刘志伟[57]对陕北锦界火烧岩力学性质指标进行了测试研究,认为火烧岩岩质边坡坡度一般较陡,稳定性较差,但局部岩块的力学强度较大。陈练武、黄雷等[58-59]认为烧变岩在水平面和垂直剖面上都呈现出带状分布的特征。Yavuz 等[60]指出火烧岩裂隙发育程度在垂直方向上也具有较明显的变化规律。杜池庆[61]分析了大柳塔地区某电厂火烧岩工程地质特征,提出这类特殊性岩石的地基处理对策及建议。吴杨等[62]研究表明,火烧岩具有较差的抗冻性,在温差大的环境下易崩解剥落。王振华等[63]研究了神木店塔杨伏盘煤矿中火烧岩对采煤工作面布设影响的主要因素,认为火烧岩力学各向异性明显,不利于开采掘进。

韩树青[64]研究了火烧岩的水文地质特征,指出陕北地区火烧岩裂隙十分发育,含水量非常丰富。Dragovich[65]认为烧变作用对不同类型的原岩结构破坏特点存在差异:细粒和中粒砂岩,经烧变作用之后,单位面积裂隙率减小,透水性变弱;而粉砂岩与泥岩在经过烧变作用之后,岩石孔洞更加发育,其透水性要优于原岩。牛建国[66]也通过试验证明,透水性是火烧岩与原岩相比变化较为明显的性质之一,所以大部分火烧岩区岩体裂隙发育,渗透性好,是地下水运移、储存的良好场所[67-68]。赵德乾等[69]通过对不同火烧岩的含水率进行剪切试验、崩解试验,研究了火烧岩抗剪强度等物理力学性质,得出火烧岩抗剪性随含水量增加而减小,遇水易崩解,直接影响露天煤矿边坡稳定性的结论。姜建海[70]发现神北矿区火烧岩主要分布于沟谷河流两侧,是一种内侧与原生岩层呈过渡接触的条带状含水岩体,并且对其节理裂隙密度和节理走向进行了测量,得出火烧岩裂隙率数倍于正常岩层的结论,岩体结构为破碎岩块,这为地下水的富集和运移创造了良好的条件。

综合分析国内外关于火烧岩的研究现状,发现火烧岩的岩性特征非常复杂,三大岩的相关特征在火烧岩中都有较明显迹象[71]。以往研究主要对火烧岩的形成原因和分类进行宏观定性分析,从矿物学等方面对火烧岩的特征进行描述,或是站在煤矿安全角度进行水文地质特征研究,但是对火烧岩的构造演化特征与成岩模式、火烧岩快速识别方法和火烧岩物理力学变化规律室内试验等方面的研究较少,也少有学者将火烧岩区地质灾害、生态环境效应与火烧岩的岩体质量特征相结合进行研究。鉴于此,本书选取鄂尔多斯盆地东北部矿区火烧岩为研究对象,从火烧岩分区与构造成因方面入手,对该区火烧岩物理力学参数响应规律与识别方法进行研究,揭示火烧岩成岩模式,重点剖析岩石烧变后结构变化特征,构建典型火烧岩质量分级指标,探讨火烧岩区地质灾害、生态环境等工程地质效应机制,期望为火烧岩区的工程建设、煤矿开采与采后复绿带建设提供指导。

1.3 主要研究内容

(1) 鄂尔多斯盆地东北缘火烧岩分布及地质成因演化

通过地质调查,划分火烧岩分布范围,阐明火烧岩的分布特征及规律;根据典型的火烧岩剖面地质特征,剖析火烧岩的类别及其岩石磁学特征;分析火烧岩区地质构造演化历史和煤层自燃发生条件,揭示鄂尔多斯盆地东北缘火烧岩成因的地质演化机制。

（2）典型火烧岩结构特征及成岩模式

根据热声发射技术的 Kaiser 效应,进行火烧岩烧变温度的识别;通过微观尺度观察分析,研究不同烧变程度对火烧岩微观结构的影响;结合火烧岩的颜色特征、距火源距离和烧变温度,对研究区火烧岩进行分类,基于不同层位火烧岩的产出结构特征,揭示火烧岩的成岩模式。

（3）典型火烧岩岩石物理力学特性

基于火烧岩典型剖面特征,开展不同层位火烧岩物理力学响应试验,研究色度、密度、磁化率、导热系数等物理参数随烧变温度的变化规律,探讨不同烧变程度的烧变岩孔隙结构和渗透率演化规律,分析火烧岩抗拉强度和抗压强度特征,揭示火烧岩岩体结构特征。

（4）火烧岩地质环境效应

基于不同烧变程度火烧岩的岩体结构特征,分析火烧岩区不良地质作用,探讨火烧岩区岩体质量响应规律,揭示火烧岩区滑坡、崩塌、地面沉降与塌陷等地质灾害形成机制,提出火烧岩区生态环境破坏问题。

2　鄂尔多斯盆地东北缘地质概况

2.1　自然地理

　　研究区位于鄂尔多斯盆地东北缘，处于陕西、内蒙古和山西三省交界处。研究区南边从榆林东青云镇起，沿锦界-神木-府谷，通往保德县沿线；北边界为东胜通往准格尔旗沿线；西边界为东胜-伊金霍洛旗-榆林沿线；东到黄河东岸（见图 2-1）。研究区地处中纬度地区，气候为温带干旱半干旱、半干旱半湿润

图 2-1　研究区位置示意

大陆性季风气候,冬季寒冷干燥,夏季降水集中[72]。年均降水量由南东向北西递减,蒸发量由东南向西北增大[73]。区内地下水系主要为黄河与其一级支流窟野河、秃尾河、清水川河、乌兰木伦河和县川河等[74-75]。沙生植被主要有沙柳、沙蒿、沙米、沙竹、苦参、沙芥、踏郎和沙枣等,落叶灌木有柠条、山桃、沙棘、紫穗槐和扁核木等,局部地区有常绿树种臭柏、侧柏、杜松、油松和樟子松等[76-77]。

2.2 地形地貌

研究区主要位于陕北黄土高原,在第三纪起伏和缓的准平原基础上,历经第四纪以来多次黄土堆积和侵蚀作用,地形破碎,沟壑发育[78]。榆林北部处于毛乌素沙漠区,海拔多为 1 100～1 200 m,西北部稍高,地势平缓[79]。研究区东部位于晋陕峡谷北部,山西保德至河曲段的黄河两岸,东带为吕梁,西带为陕北,总体地势北高南低,河谷深切在 300～500 m,谷底高程在 400 m 以下。研究区北部为与陕北黄土高原连接的伊盟隆起南部,由西北向东南倾斜,海拔多在 1 200～1 400 m,河流由西北向东南汇入黄河之中,沟川纵横密布,呈支离破碎状[80]。

总体上研究区内大部分地区山塬起伏,河川交错,地形地貌复杂多样,仅西边局部地形较平坦,总体特点是北高南低,一般海拔 900～1 400 m,按形态成因将其地貌单元划分为风沙滩区(Ⅰ)、黄土梁峁区(Ⅱ)和中低山区(Ⅲ)三类(见图 2-2 和图 2-3),地貌单元特征见表 2-1。

（a）风沙滩区　　　　　　　　　　　　（b）风沙滩区

图 2-2　地形地貌典型照片

（c）黄土梁峁区

（d）中山地貌　　　　　　　　　　　　（e）中山地貌

（f）中低山地貌　　　　　　　　　　　　（g）中低山地貌

图 2-2(续)

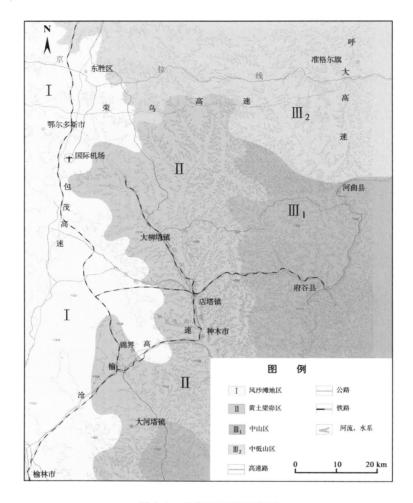

图 2-3 研究区地形地貌图

表 2-1 地貌单元分区表

地貌类型	分布位置	主要特征	主要形态
风沙滩区（Ⅰ）	主要分布于神木、店塔西，榆林北通往伊金霍洛旗沿线，海拔高度在 1 200～1 260 m	地势总体平坦，略有起伏，沙丘绵延，沟壑不发育[图 2-2(a)]	主要形态为风积沙丘、平缓沙地和风蚀沙梁等（Q₄）[图 2-2(b)]

表 2-1(续)

地貌类型	分布位置	主要特征	主要形态
黄土梁峁区 [图 2-2(c)] (Ⅱ)	主要分布于神木柠条塔以东,店塔镇以北,黄河以西府县境内区域,海拔高度在 1 300~1 390 m	广泛分布着第四纪黄土(Q_4)堆积物,沟壑纵横,地形破碎	黄土层较厚但结构疏松,风力侵蚀、水土流失严重,植被覆盖率低,生态环境脆弱
中低山区 (Ⅲ)	主要分布于研究区内黄河两岸和内蒙古境内鄂尔多斯东部地区	黄河两岸属强烈切割的中山地形,海拔高度在 800~1 300 m($Ⅲ_1$)[图 2-2(d)(e)]	峰高谷深,地形陡峭,有长期强烈的侵蚀作用,侵蚀切割深度 300~500 m,悬崖峭壁和大小冲沟随处可见,主要由石炭-二叠系(C-P)砂岩组成
		内蒙古境内属构造剥蚀切割中低山地形,海拔在 1 150~1 400 m($Ⅲ_2$)[图 2-2(f)(g)]	山势平缓,多形成分散的圆顶缓脊的山峁,山脉绵延,沟谷宽浅,呈东西方向分布,地层主要为侏罗-三叠系(J-T)砂岩,地貌由剥蚀而成,残积、坡积物厚

2.3 地层岩性

晚三叠世的印支运动使鄂尔多斯盆地开始发育,基底稳定下沉,接受了 800~1 400 m 的内陆三角洲沉积[81]。侏罗系属湿暖型湖沼河流相与干旱型河流浅湖相。燕山运动晚期,盆地下沉后,沉积了厚达千米的白垩系地层[82],盆地受晚白垩系地层的挤压,快速沉积了新近系地层,主要为红色砂质泥岩,陆相沉积[83]。受喜山运动的影响,鄂尔多斯盆地北部沉积第四系黄土,属河湖相研究区主要地层由老到新包括石炭系(C)、二叠系(P)、三叠系(T)、侏罗系(J)、白垩系(K)、新近系(N)和第四系(Q)[84-85]。研究区地层特征见地层特征表 2-2,地层岩性见图 2-4。

表 2-2　研究区地层特征表[85]

地层	位置	岩性	构造与其他
第四系（Q）	研究区西南部覆盖较广，东部山区沿坡顶分布	岩性为黄土和风积沙，地层厚度变化较大。以灰黄、棕黄色亚黏土、砂土为主，夹多层古土壤，含大量钙质结核，砾径一般 3～5 cm，最大为 20 cm	具有垂直裂隙，古冲沟发育
新近系（N）	零星出露于府谷北西部沟谷两岸及分水岭处	岩性主要为浅红色、棕红色黏土，含钙质结核，层状分布。局部地段底部为 10～30 cm 砾石层，砾石成分主要为石英砂岩、砾岩等，钙质胶结，坚硬致密	厚度 19～70 m，一般 20 m
白垩系（K）	出露于东胜至伊金霍洛旗沿线和研究区最北边	以灰绿色为主的陆源碎屑岩，下部为黄绿色砾岩，上部为灰绿色砂岩与紫红色泥质砂岩互层，厚度小于 200 m	坳陷盆地型沉积
侏罗系（J）	主要出露于神木北和府谷西	陆源碎屑煤岩层沉积岩，灰白、灰黄色厚层块状中粗粒长石砂岩，夹灰色粉砂岩、钙质砂岩，偶见煤线，局部地段夹有透镜状灰岩及黄铁矿结核，底部为灰绿色砾岩透镜体	发育大型斜层理
三叠系（T）	主要出露于准格尔西，黄河西岸和窟野河下游	灰绿色中～细粒长石、石英砂岩，厚层状，含大量云母及绿泥石，分选性中等，磨圆度中等，厚度 80～200 m	具有大型板状交错层理、楔状层理及块状层理
二叠系（P）	沿黄河两岸呈条带状出露，主要分布在府谷及其以北的柳林碛海子湾至黄甫川一带的黄河两岸	属湖泊沼泽相沉积，岩性主要为灰黑色、灰色泥岩、页岩、砂质页岩，夹煤线和可采煤层，局部出露灰白色中细粒长石砂岩夹砂质泥岩及煤线	地层总厚约 81 m，局部出露。主要层理构造为水平层理，普遍含扁豆体状菱铁矿及钙质结核，含植物化石
石炭系（C）	沿黄河两岸呈带状出露	主要由灰白色中粒砂岩，深灰色页岩、油页岩和碳质页岩加煤层组成，含动物及植物化石	地层总厚度约 125 m，出露较少，主要层理构造有水平层理、交错层理

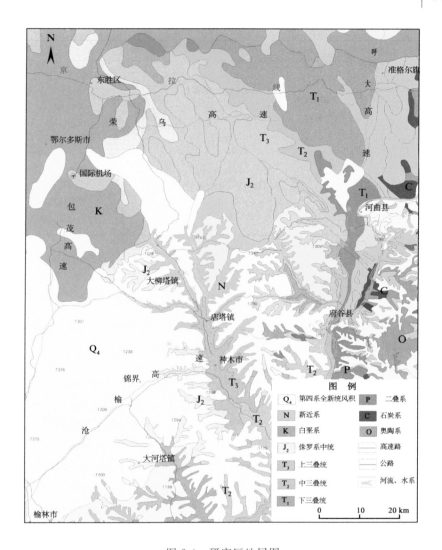

图 2-4　研究区地层图

　　鄂尔多斯盆地东北缘地层含煤性好，煤层均为黑色，条痕显褐黑色，弱沥青～沥青光泽，部分光泽暗淡。盆地煤质优良，属低灰低硫低磷煤，发热量高，燃点低。研究区内的主要含煤地层为侏罗系延安组（Jy），东部主要含煤地层为石炭系太原组（Ct）和二叠系山西组（Ps）[86]，煤层特征见表 2-3。

表 2-3 研究区煤层特征[86]

地层	位置	成煤相	厚度	煤质	着火点
石炭系(C)-二叠系(P)	研究区内黄河两岸	海陆相交互含煤地层	多为薄煤层,单层厚度一般小于2 m。总厚约35~137 m,含煤8~20层	煤层形成后沉降幅度小,煤类主要为长焰煤和气煤	煤化变质作用强度低,经受了一级深成变质作用。着火点约为250 ℃,易氧化、风化,易自燃
侏罗系(J)	主要分布在神木府谷北,伊金霍洛东	形成于陆相湖泊三角洲沉积条件	一般为中厚~厚煤层。水平层理,均一状结构,厚度159.44~329.86 m,平均厚度263.83 m	亮煤、半暗煤为主,夹镜煤条带及透镜体	属低变质烟煤,绝大部分煤层受到一级深成变质作用。煤的着火点为320~364 ℃

2.4 地质构造

研究区所处构造单元位于鄂尔多斯盆地伊盟隆起南俯冲带、陕北斜坡北部隆起带和晋西挠褶带西侧的三带交汇带处,构造纲要图见图 2-5[87]。

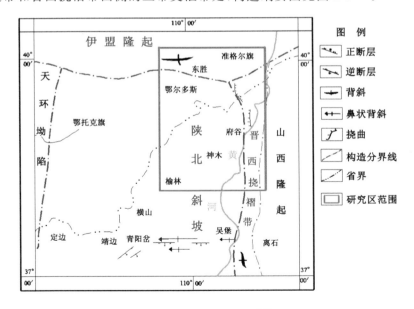

图 2-5 构造纲要图[87]

伊盟隆起形成于古生代以后,位于鄂尔多斯盆地最北部,西部与秦祁活动带相接,北部与阴山活动带相邻。隆起区内主要构造近 EW 向展布,西起内蒙古乌加庙,东至内蒙古托克托,北与河套地堑相邻,南以陕北斜坡北部三眼井-泊尔江海子断裂为界。研究区位于伊盟隆起东部向南倾的单斜构造上,局部发育 EW 向背斜[88]。

陕北斜坡主要形成于早白垩世以后,受到西伯利亚板块和华南板块的南北方向挤压应力和西部天环坳陷下沉、东部吕梁山升起的 EW 向拉伸应力作用,地层波浪起伏。地层整体为西北高、东南低的缓倾单斜构造,平均坡度为每千米抬升 10 m 左右,平均倾角小于 1°,多数为 0.4°。研究区处于陕北斜坡东北部,构造运动比较缓和,局部有小规模的断层[89]。

晋西挠褶带位于鄂尔多斯盆地的东部边缘,北起兴县,南抵乡宁,东至离石,西到黄河,面积约 8 600 km²,呈 SN 向展布。次一级的宽缓褶皱较为发育,断层少,基本构造形态主要于中生代形成,表现为过渡性质的盆缘构造类型,石炭-二叠系煤层发育。研究区位于挠褶带西北部保德-兴县背斜带上,整体上为向西倾斜的单斜,NE、NNE 向小型褶皱发育[90]。

2.5　水文地质

研究区内地表水系主要是窟野河、秃尾河、清水川河、乌兰木伦河和县川河等,最终汇入黄河,其年平均径流量 5~10 m³/s。含水层主要为第四系冲湖积层(萨拉乌苏组)孔隙含水层(Ⅰ)、第四系风积黄土层孔隙含水层(Ⅱ)、白垩系砂岩裂隙孔隙含水层(Ⅲ)和石炭-侏罗系碎屑岩裂隙含水层(Ⅳ)[91],见图 2-6。

第四系冲湖积层(萨拉乌苏组)孔隙含水层(Ⅰ)分布于榆林北、锦界西、研究区西南部的风沙滩地区,含水岩性以细砂为主,厚度 0~61 m,差异较大。地下水位埋藏较浅,在 10 m 以内。该区域主要受大气降水的补给,以蒸发排泄为主[92]。

第四系风积黄土层孔隙含水层(Ⅱ)分布于榆林、锦界以东,店塔、河曲一带的黄土梁峁区,主要由风积黄土、冲洪积中细砂层及圆砾构成。含水层厚度约 8 m,透水性较好,常与下伏基岩风化裂隙带潜水构成一个含水层,富水性弱。隔水层岩性为棕红色黏土,结构致密,含多层钙质结核,分布广泛。该区域主要受大气降水的补给,以蒸发排泄为主[93]。

白垩系砂岩裂隙孔隙含水层(Ⅲ)分布于研究区北部边界和西北部,东胜、

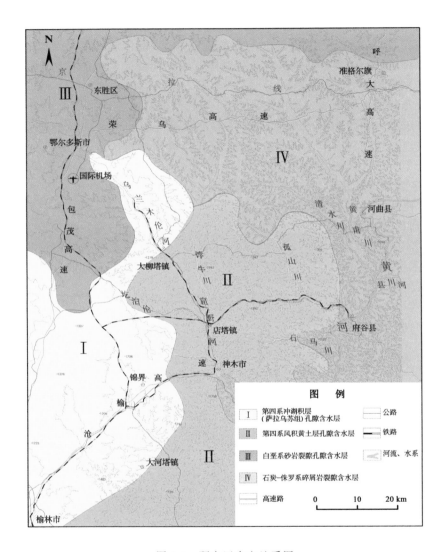

图 2-6　研究区水文地质图

大柳塔以西的沙漠高原区,是鄂尔多斯盆地白垩系地下水系统的一部分,地下水径流交替强烈,长期不枯竭,循环深度在 100 m 左右,更新能力强,水质好,以侧向径流的方式进行补给与排泄[94]。

石炭-侏罗系碎屑岩裂隙含水层(Ⅳ)主要分布于研究区东部府谷县以北的

内蒙古地区,神木市东南部和黄河两岸的中低山区,与第四系松散层孔隙水上下叠置或侧向连接,具有双重结构。含水层岩性为深灰色砂质泥岩、中细粒砂岩和粉砂岩,结构较致密,裂隙不发育,埋深为 $50 \sim 100$ m,渗透性较差,富水性微弱,水质较差,以侧向径流的方式补给与排泄[95]。

2.6 不良地质作用

研究区存在许多对采矿工程和基础建设工程不利的地质灾害现象,如崩塌、滑坡、地裂缝、地面沉降变形和煤层自燃等(图 2-7),影响场地稳定性,对地基基础、边坡工程、地下洞(室)等具体工程的安全、经济和正常使用不利。

图 2-7　火烧岩不良地质典型照片

图 2-7(续)

图 2-7(续)

　　研究区的不良地质主要分布于河流及沟谷两侧,形成陡壁危岩,地貌突出,其上松散层植被稀少,整体稳定性差,并且火烧岩的裂隙空洞十分发育,岩层支离破碎,靠近煤层有垮落、坐塌现象,矿井工程安全性低[96]。

3 火烧岩分布规律及地质成因演化

本章通过地质调查,对鄂尔多斯盆地东北缘火烧岩分布范围进行划分,根据典型的火烧岩剖面地质特征,剖析火烧岩的类别及其岩石磁学特征,阐明火烧岩的分布特征及规律,揭示鄂尔多斯盆地东北缘火烧岩的地质演化机制。

3.1 火烧岩分布范围

鄂尔多斯盆地东北缘受构造隆起、挠褶和黄河及其支流下切等构造运动影响,侏罗系煤层和石炭-二叠系煤层产生了较好的露头,在人为或自然条件下,出露的煤层发生大面积的燃烧,发育了这种特殊的岩石——火烧岩[97]。火烧岩的剖面和平面都呈现出带状特征,火烧区分布范围主要由侵蚀基准面和地下水位控制,还与煤层出露高度、厚度及范围有很大关系[98]。

本次调查以榆林东为起点,调查了锦界、神木北、府谷北(陕西省),保德-河曲黄河沿线(山西省),准格尔旗至鄂尔多斯沿线以南地区(内蒙古自治区),调查点 94 个,其中火烧岩调查点 68 个,调查线路 1 000 km 有余,调查面积约 23 000 km²(图 3-1)。野外调查工作除了采用传统的追索法、穿越法之外,还用了无人机拍摄,对现场磁化率、硬度进行测量。火烧岩主要调查点见表 3-1。

在野外地质调查的基础上,按火烧岩区岩性段和地层的空间展布形态,将火烧岩划分为两个区块:侏罗系火烧岩区和石炭-二叠系火烧岩区(见图 3-2、图 3-3)。这种划分方式主要以火烧岩所属地层为依据,根据地质单元地质特征、水文条件边界和地形地貌特点进行分区,代表火烧岩的自然属性特征。

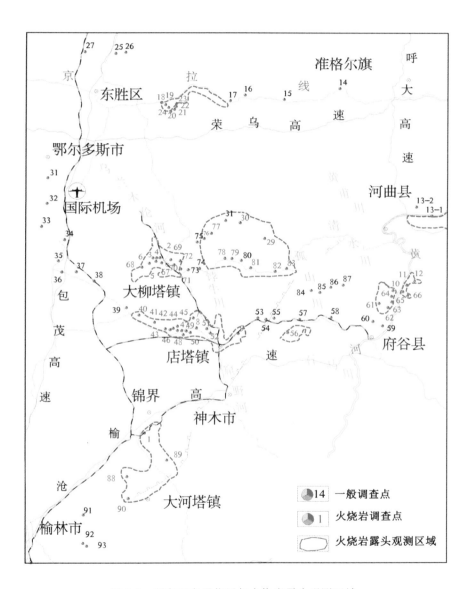

图 3-1　研究区交通位置与火烧岩露头观测区域

表 3-1 火烧岩调查点特征统计表

编号	特征描述	典型照片
HS-01	坐标：E110.147042，N38.721315 锅界南，黄土梁峁地貌，植被稀少，出露烘烤岩（约60%），中层水平层理，有小型褶皱，少量钙质结核，岩体较破碎；烧熔岩（约20%），观察点小型塌陷发育，有"烧塌"迹象，可观察到烧结岩（约20%），由碎块岩石高温后黏结在一起形成	
HS-02	坐标：E110.206475，N39.284151 大柳塔西，黄土梁峁地貌，植被稀少，出露烘烤岩（约80%），水平层理，有小型褶皱，铁质结核，岩体较破碎，化石多见；烧熔岩（约10%），气孔构造明显。该点可观察到烧结岩（约10%），由碎块岩石高温后黏结在一起形成	
HS-03	坐标：E110.196414，N39.282225 大柳塔西，黄土梁峁地貌，植被稀少，该点地层分层明显。出露烘烤岩（约60%），中层水平层理，有小型褶皱，铁质结核，岩体较破碎；烧熔岩（约25%），气孔构造明显。该点可观察到烧结岩（约15%），由碎块岩石高温后黏结后形成	

表 3-1(续)

编号	特征描述	典型照片
HS-05	坐标:E110.199657,N39.278426 大柳塔西,黄土梁弱地貌,植被稀少,出露烘烤岩(80%),中层水平层理,岩体较破碎,剖面底部有破碎岩体堆积,未见化石;烧熔岩(15%),流纹构造明显。观察点小型构造发育,可观察到烧结岩(5%),由碎块岩石高温后黏结在一起形成	
HS-06	坐标:E110.17657,N39.271277 地伏煤矿,黄土梁弱地貌,植被稀少,出露烘烤岩(80%),中层水平层理,岩体较破碎,剖面底部有破碎岩体堆积,少见化石;烧熔岩(15%),气孔构造和流纹构造明显。观察点小型构造发育,可观察到烧结岩(5%),由碎块岩石高温后黏结在一起形成。烘烤岩上部有一层煤线未燃烧,该点煤正在自燃,并可观察到煤自燃产生的烟雾与裂缝	
HS-10	坐标:E111.173397,N39.178066 清水川大桥西侧,黄土梁水平层理,植被稀少,出露烘烤岩(约90%),中层水平层理,岩体较破碎,剖面底部有破碎岩体堆积;烧熔岩(约5%),气孔构造明显。观察点有一小型断层,可观察到烧结岩(约5%),由碎块岩石高温后黏结在一起形成。该点剖面底部有一"烟囱"状通道	

表 3-1（续）

编号	特征描述	典型照片	
HS-11	坐标：E111.190097，N39.182121 火山村西侧，中山地貌，植被稀少，出露烘烤岩（约85%），中层水平层理，柱状垂直节理，岩体较破碎，剖面底部有破碎岩体堆积，烧熔岩（约10%），气孔构造明显。烧结岩（约5%），由碎块岩石高温后黏结在一起形成。该点岩层顶部出露白色砒砂岩，在底部部分堆积		
HS-12	坐标：E111.190097，N39.182121 火山村北侧，中山地貌，植被稀少，出露烘烤岩（约95%），中层水平层理，柱状垂直节理，岩体较破碎，剖面底部有破碎岩体堆积，烧熔岩（约5%），气孔构造明显。未见烧结岩		
HS-13-1	坐标：E111.301914，N39.422418 黄河龙口大桥南侧，中山地貌，植被稀少，出露烘烤岩（约100%），中层水平层理，柱状节理，岩体较破碎。未见烧熔岩和烧结岩		

表 3-1（续）

编号	特征描述	典型照片
HS-19	坐标：E110.220863，N39.780523 南神山沟西北侧，中低山地貌，植被稀疏。该点出露烘烤岩（约90%），中层水平层理，岩体较破碎，剖面底部有破碎岩体堆积；烧熔岩（约5%），气孔构造和流纹构造明显。可观察到烧结岩（约5%），由碎块岩石高温烘烤黏结在一起形成	
HS-23	坐标：E110.264972，N39.781124 南神山沟东北侧，中低山地貌，植被稀疏。该点主要出露烘烤岩（约95%），中层水平层理，岩体较破碎，剖面顶部有破碎烘烤岩堆积；烧结岩（约5%），由碎块岩石高温高温黏结在一起形成。未见烧熔岩	
HS-24	坐标：E110.229551，N39.775745 南神山沟东北侧，中低山地貌，植被稀疏。该点主要出露烘烤岩（约90%），中层水平层理；烧熔岩（约5%），气孔构造和流纹构造明显；可观察到烧结岩（约5%），由碎块岩石高温黏结在一起形成。该点下侧河道出露一层烧结线	

表 3-1(续)

编号	特征描述	典型照片	
HS-30	坐标:E110.46600l,N39.41117 南神山沟东北侧,黄土梁峁地貌,植被稀疏,该点主要出露烘烤岩,中层水平层理,表层岩体较破碎,剖面底部有破碎烘烤岩和砂岩堆积		
HS-42	坐标:E110.260262,N39.043896 店塔镇西侧,黄土梁峁地貌,植被稀疏,该点主要出露烘烤岩(约90%),中层水平层理,岩体较破碎,剖面底部有破碎烘烤岩堆积;烧熔岩(约5%),气孔构造和流纹构造明显,可观察到烧结岩(约5%),由碎块岩石高温后黏结在一起形成		
HS-43	坐标:E110.26457,N39.04243 店塔镇西侧,黄土梁峁地貌,植被稀疏,该点主要出露烘烤岩(约90%),中层水平层理,岩体较破碎;烧熔岩(约5%),气孔构造和流纹构造明显,可观察到烧结岩(约5%),由碎块岩石高温后黏结在一起形成。该点剖面北侧有一烧变岩高温堆积处		

表 3-1(续)

编号	特征描述	典型照片	
HS-46	坐标:E110.284165,N39.049736 店塔镇西侧,黄土梁峁地貌,植被稀疏,该点主要出露烘烤岩(约 90%),中层水平层理,岩体较破碎;烧熔岩(约 5%),气孔构造和流纹构造明显。可观察到烧结岩(约 5%),由碎块岩石高温后黏结在一起形成。该点剖面表层岩体破碎,且底部堆积破碎烧变岩		
HS-48	坐标:E110.305801,N39.047918 店塔镇西侧,黄土梁峁地貌,植被稀疏,该点主要出露烘烤岩(约 95%),中层水平层理,岩体较破碎;烧熔岩(约 5%),气孔构造和流纹构造明显。该点剖面表层岩体破碎,且底部堆积破碎烧变岩,并有一层煤线并未燃烧		
HS-50	坐标:E110.315017,N39.047537 店塔镇西侧,黄土梁峁地貌,植被稀疏,该点出露烘烤岩(约 95%),水平层理;烧熔岩(约 5%),气孔构造和流纹构造明显;砒砂岩,白色。该点剖面底部堆积大量烧变岩碎块		

表 3-1（续）

编号	特征描述	典型照片	
HS-51	坐标：E110.397362，N39.054956 店塔镇西侧，黄土梁峁地貌，植被稀疏，该点出露烘烤岩，水平层理。该点剖面底部堆积大量烧变岩碎块		
HS-62	坐标：E111.168305，N39.150841 店塔镇西侧，中山地貌，植被稀疏，该点出露烘烤岩，水平层理，且中间夹有一层白色砒砂岩		
HS-63	坐标：E111.165313，N39.164787 店塔镇西侧，中山地貌，植被稀疏，该点出露烘烤岩（约95%），中层水平层理，中间夹有一层未完全烧尽的煤层；烧熔岩（约5%），气孔构造明显		

表 3-1(续)

编号	特征描述	典型照片	
HS-69	坐标:E110,250797,N39,271723 大柳塔镇南侧,黄土梁峁地貌,植被稀疏,烧变岩主要出露在该点及附近山顶处,可见烘烤岩,水平层理		
HS-81	坐标:E110,571645,N39,252658 店塔镇西侧,黄土梁峁地貌,植被稀疏,该点主要出露烘烤岩(约95%,中层水平层理,岩体较破碎,上覆一层黄土;烧熔岩(约5%),气孔构造和流纹构造明显。该点有一小型构造点		
HS-88	坐标:E110,571645,N39,252658 大河塔镇西北侧,黄土梁峁地貌,植被稀疏,该点主要出露烘烤岩(约95%),中层水平层理,岩体较破碎,上覆一层黄土;烧熔岩(约5%),气孔构造和流纹构造明显		

（a）锦界

（b）大柳塔1

（c）大柳塔2

（d）大柳塔3

（e）东胜1

（f）东胜2

图 3-2 侏罗系地层火烧岩

（a）黄河东岸火山村附近1

（b）黄河东岸火山村附近2

（c）黄河东岸火山村附近3

（d）黄河东岸火山村附近4

（e）黄河西岸清水川沟口1

（f）黄河西岸清水川沟口2

图 3-3　石炭-二叠系地层火烧岩

侏罗系火烧岩分布于府谷县和神木市以西,榆林麻黄梁镇以北,锦界和大柳塔镇以东,东胜区以南。其火烧岩所属地层为侏罗系地层,以侏罗系地质界线为主要边界,出露于沟谷两侧。火烧岩地质剖面比较完整[图 3-2(a)(b)(c)],其中西部界线和第四系冲湖积层(萨拉乌苏组)孔隙含水层界线相吻合;南部主要处于陕北斜坡东北部的黄土梁峁地貌区;北部处于伊盟隆起南翼,受构造的影响,侏罗系地层在此处抬升,火烧岩大部分出露于地表被风化剥蚀,火烧岩下部沿沟谷出露大面积的漂白色砒砂岩[图 3-2(e)(f)]。此外,该区还存在燃烧的煤层[图 3-2(d)],影响煤炭资源的开采。

石炭-二叠系火烧岩位于府谷县和保德至河曲北的黄河两岸与晋陕峡谷一带。其火烧岩所属地层为石炭-二叠系地层。地下水类型为石炭-侏罗系碎屑岩裂隙水层,处于中低山地貌区。岩体较破碎[图 3-3(a)],火烧岩中"烟囱"结构现象普遍[图 3-3(b)(c)(e)],有多层煤层燃烧迹象[图 3-3(d)]。局部地段夹有白色、浅黄色砒砂岩,厚约 1 m[图 3-3(f)]。

3.2 典型剖面地质特征

在研究区内先取 7 处典型露头较好的火烧岩地质剖面,进行剖面岩石特征分析,根据谷德振(1979)《岩体工程地质力学基础》[99]、张倬元(1981)《工程地质分析原理》[100]对剖面岩体结构和斜坡体结构特征调查分类。采用体积磁化率和硬度等野外实测手段,对不同类别火烧岩进行测试和分析,划分不同类别火烧岩的矿物成分、结构,总结局部表面硬度变化规律。

3.2.1 锦界剖面

该实测剖面位于锦界南 G337 黄榆线东侧,属侏罗系火烧岩(观测点编号 HS-01,坐标:110.147042E,38.721315N)。由图 3-4 可以看出,该剖面地表主要为沙黄土覆盖,植被稀少,可见一层燃尽的煤灰层,煤灰层上部火烧岩以烧熔岩和烘烤岩为主,下部出露砖红色烘烤岩,底部为未受温度影响的原岩。岩体结构为碎裂结构,碎块体斜坡。出露主要岩性及特征见表 3-2,现场实测体积磁化率结果见表 3-3 和图 3-5。

由图 3-5 可以看出,测区③的岩石以烧熔岩为主,其体积磁化率(K)的离散程度较大,平均值约为 2.767 SI。燃烧层下部测区④的岩石以烘烤岩为主,影响厚度约 0.8 m,其 K 值为 1.681 8 SI。同样是最靠近燃烧煤层位置,但是测区③的 K 值比测区④要高 64.5%。烧熔层上部出露以烘变岩为主(测区②),其

平均 K 值为 0.799 2 SI,比烧熔层测区③低 71.1%。测区①岩性为烘烤岩,平均 K 值约为 0.434 4 SI,比烧熔层测区③低 84.3%。未受煤层燃烧高温影响的测区⑤,K 值的离散程度很小,其平均 K 值约为 0.165 4 SI,比烧熔岩测区③低 94.0%。该剖面受温度影响较高,岩体的 K 值较高,且因为受热程度不均匀,岩石中铁磁性矿物转化程度也有所不同,离散程度较大[101]。

图 3-4 锦界剖面解析图

表 3-2 锦界剖面特征表

测区编号	岩石类型	颜色	岩性特征
①	烘烤岩	砖黄色	细粒,中层状,平行层理,层理较清晰,有小型褶皱,岩体较破碎。距煤灰层上部约 5 m。节理密度约 11 条/m,节理张开度 2～4 mm
②	烘变岩	砖红色	粒度细腻,中层状为主,有薄层状夹层,层理较清晰,垂直节理发育,岩体破碎。距煤灰层上部约 1 m,厚约 4 m。节理密度约 16 条/m,节理张开度 4～8 mm
③	烧熔岩 烧结岩	深红色 杂色	煤灰层上部,厚 1～2 m,以烧熔岩为主,层理构造几乎被破坏,主要为气孔构造和流纹构造

表 3-2(续)

测区编号	岩石类型	颜色	岩性特征
④	烘烤岩	砖黄色	位于煤灰层下部,细粒,中层状,节理较发育,该层厚度约 0.8 m。节理密度约 6 条/m,节理张开度 2~3 mm
⑤	原岩	灰白色	细粒砂岩,中层状,未受煤燃烧高温的影响

表 3-3 锦界剖面体积磁化率现场实测表

测区编号	实测体积磁化率值 K/SI					平均值/SI
①	0.109	0.144	0.344	0.255	1.320	0.434 4
②	0.620	0.795	0.796	0.285	1.500	0.799 2
③	7.590	2.510	2.400	0.744	0.591	2.767 0
④	1.590	2.840	1.060	0.679	2.240	1.681 8
⑤	0.144	0.160	0.181	0.164	0.178	0.165 4

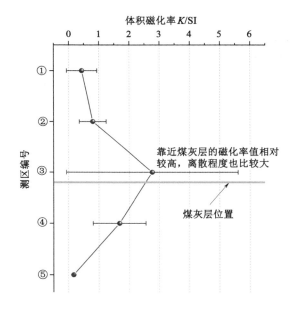

图 3-5 锦界剖面体积磁化率

3.2.2 柠条塔剖面

该实测剖面位于神木北、店塔镇西约 20 km 柠条塔村，G338 店红路段（观测点编号 HS-42，坐标：110.260262E，39.043896N），属侏罗系火烧岩区。由图 3-6 可见，实测点地表为黄土覆盖，原岩地层上部植被较发育，火烧岩坡体上部植被稀少。火烧岩露头沿主沟分布，剖面外侧为火烧岩，剖面内侧为未受温度影响的原岩。岩体结构为碎裂结构，碎块状体斜坡。出露主要岩性及特征见表 3-4。鉴于该剖面有纵深延展的特征，沿水平层理进行现场体积磁化率（K）和硬度（HL）的实际测量，结果见表 3-5 和图 3-7。

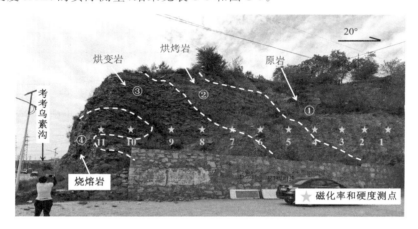

图 3-6 柠条塔剖面解析图

表 3-4 柠条塔剖面特征表

测区编号	岩石类型	颜色	岩性特征
①	原岩	灰色	中等粒度，中层状，平行层理，层理清晰，有小型褶皱
②	烘烤岩	砖黄色	中-薄层状为主，粒度细腻，层理较清晰，垂直节理发育，岩体破碎。厚度约 4 m，节理密度约 12 条/m，节理张开度 2~4 mm
③	烘变岩	砖红色	主要层理可见，节理较发育，其间夹有小面积的烧熔岩。厚 3~5 m，节理密度约 19 条/m，节理张开度 3~5 mm
④	烧熔岩	暗红色杂色	层理构造几乎被破坏，主要为气孔构造和流纹构造。节理密度约 16 条/m，节理张开度 5~8 mm

表 3-5 柠条塔剖面体积磁化率和硬度现场实测值表

测点编号	测量内容	实测值					平均值
1	K/SI	1.480	1.850	1.970	1.380	1.400	1.616
	HL	415	392	408	429	420	412.8
2	K/SI	1.330	0.946	1.890	1.140	0.890	1.239
	HL	416	406	457	398	399	415.2
3	K/SI	1.170	1.870	1.030	0.853	1.790	1.342
	HL	397	404	405	412	404	404.4
4	K/SI	1.930	3.190	1.250	1.480	1.240	1.818
	HL	412	388	406	412	417	407.0
5	K/SI	0.221	0.234	0.486	0.437	0.173	0.310
	HL	440	452	500	442	475	461.8
6	K/SI	0.747	0.757	1.050	0.845	0.684	0.816
	HL	450	508	457	472	444	466.2
7	K/SI	2.170	2.150	3.150	3.520	2.090	2.616
	HL	433	517	414	492	488	468.8
8	K/SI	2.960	3.930	5.420	2.690	2.460	3.492
	HL	577	545	457	603	471	530.6
9	K/SI	3.620	3.020	2.940	2.760	2.600	2.988
	HL	524	575	596	543	533	554.2
10	K/SI	4.640	4.200	5.210	10.800	8.870	6.744
	HL	622	575	542	543	586	573.6
11	K/SI	17.700	15.000	15.900	20.300	26.000	18.980
	HL	629	646	619	585	623	620.4

由图 3-7(a)可以看出,该处剖面为未受高温影响的原岩(测点 1、测点 2、测点 3、测点 4),体积磁化率(K)在 1.239～1.818 SI,平均值约 1.504 SI。测点 5 位于烘烤岩与原岩交界处,为受高温影响较轻的烘烤岩,其 K 值约为 0.310 SI,相对于原岩降低了约 79.3%。测点 6 的 K 值约为 0.816 SI,比原岩低约 45.6%,但是相对于测点 5 升高了约 163%。测点 7、测点 8 和测点 9 属于烘变岩,其 K 值分别为 2.616 SI、3.492 SI 和 2.988 SI,相对于原岩分别升高了 73.9%、132% 和 98.7%。测点 10 和测点 11 位于烧熔岩区,离散程度较其他测

区高,其 *K* 值分别为 6.744 SI 和 18.980 SI,相对于原岩分别升高 348%
和1 162%。

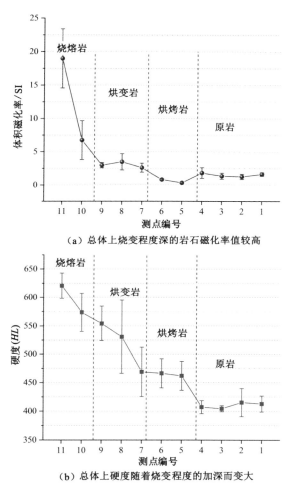

（a）总体上烧变程度深的岩石磁化率值较高

（b）总体上硬度随着烧变程度的加深而变大

图 3-7　柠条塔剖面各测点体积磁化率与硬度

由图 3-7(b)可以看出,原岩(测点 1、测点 2、测点 3 和测点 4)的硬度(*HL*)
集中在 410 左右,测点 5 和测点 6 位于烘烤岩区,*HL* 值分别为 461.8 和 466.2,
相对于原岩硬度分别升高了 12.6% 和 13.7%。测点 7 的 *HL* 值为 468.8,相对
于原岩仅升高了 14.3%。但是从测点 8 开始,*HL* 值开始大幅升高,其中测点 8
的 *HL* 值为 530.6,比原岩升高了 29.4%;测点 9 的 *HL* 值为 554.2,比原岩升

高了 35.2%;测点 10 和测点 11 在烧熔岩区,HL 值分别为 573.6 和620.4,相对于原岩分别升高了 39.9% 和51.3%。

柠条塔剖面处,低温影响下的岩石体积磁化率会小幅度下降,整体上岩石的体积磁化率随着烧变程度的提高呈现出增强的特征,特别是烧熔岩。随着烧变程度的加深,岩石硬度增高趋势明显。

3.2.3 瓷窑塔剖面

该实测剖面位于神木北、店塔镇西约 17 km 的瓷窑塔村,G338 店红路段(观测点编号 HS-43,坐标:110.26457E,39.044243N),属侏罗系火烧岩区。由图 3-8可见,实测点地表主要为沙黄土覆盖,坡面上仅覆盖少量灌草。火烧岩节理裂隙十分发育,烧熔岩沿节理裂隙贯通后形成的"烟囱通道"分布四周。岩体结构主要为碎裂结构、局部层状结构,斜坡体结构主要为碎块状体斜坡。出露主要岩性及特征见表 3-6,现场分区体积磁化率(K)和硬度(HL)的实际测量值见表 3-7 和图 3-9。

图 3-8　瓷窑塔剖面

表 3-6 瓷窑塔剖面特征表

测区编号	火烧岩类型	颜色	岩性特征
①	烧熔岩	暗红色	层理不清晰,主要为流纹构造。节理密度约 7 条/m,节理张开度 4～6 mm
②	烘烤岩	砖红色	中-薄层状,层理较清晰,垂直节理发育,岩体破碎。节理密度约 6 条/m,节理张开度 2～4 mm
③	烘烤岩	灰黄色	中-细粒,层理较清晰,节理发育程度一般。节理密度约 8 条/m,节理张开度 2～3 mm
④	烘变岩	深红色	粒度细腻,中层状,节理较发育,岩体较破碎。节理密度约 13 条/m,节理张开度 3～6 mm

表 3-7 瓷窑塔剖面体积磁化率和硬度现场实测表

测区编号	测量内容	实测值					平均值
①	K/SI	6.010	7.960	13.610	13.700	10.400	10.336 0
	HL	650	750	709	696	723	705.6
②	K/SI	1.070	1.220	1.820	1.880	1.200	1.438 0
	HL	541	581	546	590	567	565.0
③	K/SI	1.300	1.650	1.120	1.540	1.180	1.358 0
	HL	687	582	577	523	542	582.2
④	K/SI	3.950	2.950	5.090	4.000	2.190	3.636 0
	HL	606	678	618	659	561	624.4

由图 3-9 可以看出,测区④是靠近煤层燃烧区的烘烤岩,其体积磁化率值(K)为 3.636 SI;测区③和测区②为距燃烧煤层较远的烘烤岩,其 K 值分别为 1.358 SI 和 1.438 SI,相对于测区④分别降低了 62.7% 和 60.5%。测区①虽距煤层燃烧区较远,但是裂隙通道较多,煤火经此通道向地表延伸,周边温度较高,因此测得的 K 值也较高(10.336 SI),比测区④高了 183%。

测区④的硬度值(HL)为 624.4,比测区③(582.2)高 7.3%,比测区②(565.0)高 10.5%。测区①的 HL 值为 705.6,比硬度值相对较高的测区④还要高出 13%。该处剖面所测得的 K 值和 HL 值规律非常相近,而且还可以近似推导出煤层燃烧层上部岩层的 K 值和 HL 值分别为 11.0 SI 和 750。

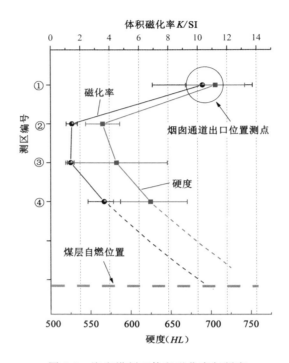

图 3-9　瓷窑塔剖面体积磁化率与硬度

3.2.4　雷家沟剖面

　　该实测剖面位于神木市北,店塔镇西约 11 km 的雷家沟,国道 G338 店红路段(观测点编号 HS-50,坐标:110.315017E,39.047537N),属侏罗系火烧岩区火烧岩剖面。由图 3-10 可以看出,该剖面地表主要为沙黄土覆盖,坡面上仅覆盖少量灌草,为煤矿区修路开挖形成,出露火烧岩和原岩,煤灰层上部为烧熔岩。

　　该剖面烧熔岩的分布层较厚,原因是原岩的节理裂隙十分发育,有利于温度向上传播。下部烘烤岩的原岩成分以泥岩或泥质砂岩为主,泥质含量较高。岩体主要为层状结构,斜坡结构主要为块状-碎块状体斜坡。其出露主要岩性及特征见表 3-8,现场分区体积磁化率(K)和硬度(HL)的实际测量值见表 3-9 和图 3-11。

图 3-10　雷家沟剖面

表 3-8　雷家沟剖面特征表

测区编号	岩石类型	颜色	岩性特征
①	烧熔岩	暗红色杂色	以烧熔岩为主,粒度均一性差,局部可见杂色烧结岩,层理不清晰,主要为流纹构造,局部可见气孔构造。层厚约 3 m,节理密度约 6 条/m,节理张开度 2～3 mm
②	烘烤岩	浅黄色偏红	细粒,中层状,层理较清晰,垂直节理发育程度中等,岩体相对较完整。节理密度约 5 条/m,节理张开度 2～3 mm
③	烘烤岩	砖红色	细粒,中层状,层理清晰,节理发育程度一般,岩体相对完整。节理密度约 8 条/m,节理张开度 2～4 mm
④	烘烤岩	砖红色偏黄	中-细粒度,中层状,层理较清晰,节理发育程度较弱,岩体较完整。节理密度约 9 条/m,节理张开度 2～4 mm
⑤	原岩	深灰绿色	泥质砂岩,薄层状,强风化,岩体破碎

表 3-9　雷家沟剖面体积磁化率和硬度现场实测表

测区编号	测量内容	实测值					平均值
①	K/SI	2.570	3.000	3.300	3.530	5.670	3.614 0
	HL	640	536	588	544	574	576.4

表 3-9(续)

测区编号	测量内容	实测值					平均值
②	K/SI	0.143	0.097	0.087	0.082	0.076	0.097 0
	HL	480	502	462	569	477	498.0
③	K/SI	0.463	0.614	0.393	0.319	0.321	0.422 0
	HL	472	459	490	459	421	460.2
④	K/SI	2.530	1.700	2.270	2.210	2.550	2.252 0
	HL	492	470	448	509	488	481.4
⑤	K/SI	0.169	0.137	0.154	0.166	0.141	0.153 4
	HL	454	385	431	466	481	443.4

由图 3-11(a)可见,该处剖面原岩的磁化率较低,测区⑤的体积磁化率(K)为 0.153 4 SI,而最接近于燃烧煤层的下部测区②的烘烤岩 K 值为 0.097 SI,几乎没有变化。燃烧煤层下部测区③的烘烤岩 K 值为 0.422 SI,比原岩高175%;测区④的 K 值相对较高(2.252 SI),比原岩升高 1 368%。测区①位于燃烧煤层上部烧熔岩区,K 值较高(3.614 SI),比下部测区④高出 60%,比测区⑤高出 2 260%。

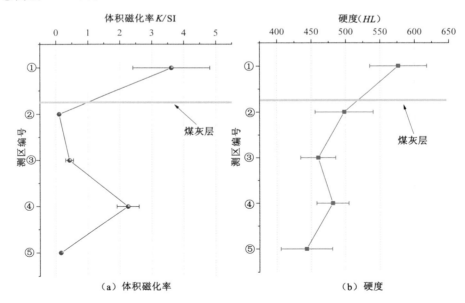

图 3-11 雷家沟剖面体积磁化率与硬度

由图 3-11(b)可以看出,测区⑤原岩的硬度最低,硬度值(HL)为 443.4,测区④和测区③的 HL 值分别为 481.4 和 460.2,比原岩升高了 8.6％和 3.8％。最靠近燃烧煤层下部的烘烤岩②硬度(498.0)也有所增强,增强 12.3％。上部的烧熔岩测区①硬度值为 576.4,比原岩增强了 30％。该剖面体积磁化率和硬度都随着烧变程度的加深而升高,且同样是距离燃烧煤层较近的位置,上部受的影响更大。

3.2.5　沿黄寨峁剖面

该实测剖面位于府谷北沿黄公路 16 km 寨峁村东,黄河西岸(观测点编号HS-63,坐标:111.165313E,39.164787N),属石炭-二叠系火烧岩区剖面。由图3-12 可以看出,该剖面地表黄土覆盖层较薄,基岩出露良好,地表植被以灌草为主。该剖面为一废弃采石厂开挖形成,上部地表为未受温度影响的原岩,下部主要出露火烧岩。

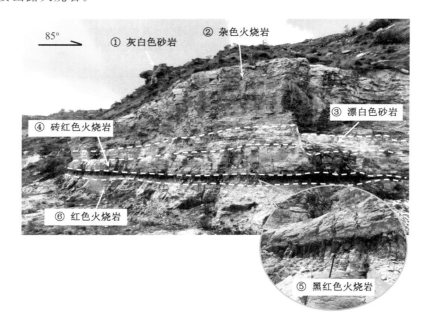

图 3-12　沿黄寨峁剖面

火烧岩中部夹有一层约 1 m 厚的砒砂岩,有差异风化现象。岩体结构主要为碎裂状-层状结构,斜坡体结构主要为碎块状体斜坡和软弱基座体斜坡。出露主要岩性及特征见表 3-10,现场分区体积磁化率(K)和硬度(HL)的实际测量值见表 3-11 和图 3-13。

表 3-10 沿黄寨峁剖面特征表

测区编号	岩石类型	颜色	岩性特征
①	原岩	浅灰白色	砂岩,粒度均一性差,厚层状,蜂窝状风化
②	烘烤岩	紫红色 红色	细粒,厚层状,层理较清晰,弱风化,节理发育程度一般,岩体较完整。局部可见暗红色烧熔岩。节理密度约 6 条/m,节理张开度 2～3 mm
③	砒砂岩	漂白色 雪白色	细粒,薄层状,风化程度较严重,层理较清晰,节理发育程度较强,岩体完整性较差
④	烘烤岩	砖红色 砖黄色	中-细粒度,中-厚层状,层理较清晰,弱风化,节理发育程度较强,岩体较完整。节理密度约 8 条/m,节理张开度 2～3 mm
⑤	烘变岩	黑红色	粒度细腻,局部断口呈陶瓷白色,有明显的"柱状节理"构造现象,层厚约 30 cm,差异风化现象明显
⑥	烘变岩	砖红色 偏红	细粒,厚层状为主,弱风化,节理不发育,垂直节理约 1 m/条,岩石完整程度较好。该层上部为 30 cm 的薄层状,中等风化。节理密度约 13 条/m,节理张开度 3～6 mm

表 3-11 沿黄寨峁剖面体积磁化率和硬度现场实测表

测区编号	测量内容	实测值					平均值
①	K/SI	0.081	0.099	0.065	0.049	0.110	0.080 8
	HL	462	419	442	414	417	430.8
②	K/SI	0.399	0.349	0.169	0.143	0.145	0.241 0
	HL	470	453	407	451	580	472.2
③	K/SI	0.030	0.025	0.017	0.031	0.045	0.029 6
	HL	380	399	381	372	366	379.6
④	K/SI	0.630	0.688	0.696	1.050	0.822	0.777 2
	HL	611	682	651	601	700	649.0
⑤	K/SI	0.210	0.220	0.570	0.620	0.450	0.414 0
	HL	414	419	417	426	463	427.8
⑥	K/SI	0.927	0.975	0.772	0.770	0.439	0.776 6
	HL	740	732	706	685	667	706.0

由图 3-13(a)可以看出,测区①原岩的体积磁化率(K)为 0.080 8 SI;测区②浅烧变程度的烘烤岩 K 值为 0.241 SI,比原岩高 198%;测区③为砒砂岩,K 值为 0.029 6 SI,比原岩低了 63.4%;测区④和测区⑥为烧变程度较深的烧烤岩,K 值分别为 0.777 2 SI 和 0.776 6 SI,分别比原岩升高了 862% 和 861%;测区⑤的原岩为黏土层,经高温后,其 K 值为 0.414 SI。

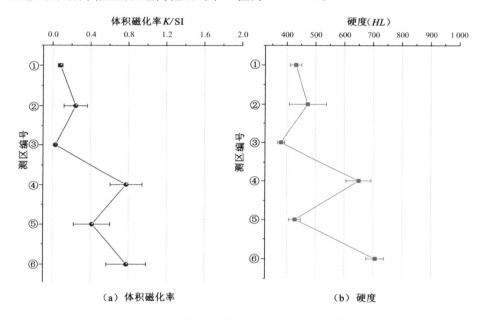

图 3-13　沿黄寨峁剖面体积磁化率与硬度

由图 3-13(b)可以看出,原岩的硬度(HL)值为 430.8,测区②浅烘烤岩区的 HL 值为 472.2,相对于原岩升高 9.6%;测区④和测区⑥的 HL 值分别为 649.0 和 706.0,比原岩高 50.6% 和 63.9%;测区⑤为黏土层,其 HL 值为 427.8,比砂岩低 0.7%;测区③砒砂岩的 HL 值为 379.6,比砂岩低 11.9%。烧变程度较深的火烧岩其硬度值相对较高。

3.2.6　清水川剖面

该实测剖面位于府谷北沿黄公路 18 km 处,清水川河与黄河交汇口西南角(观测点编号 HS-10,坐标:111.173397E,39.178066N),属石炭-二叠系火烧岩区剖面。由图 3-14 可以看出该剖面地表黄土覆盖层较薄,有原岩出露,植被以低矮灌草为主。

图 3-14　清水川剖面

　　该剖面下部出露火烧岩,为一村通公路修建削坡形成。岩体结构主要为碎裂结构,其次为层状结构,斜坡体结构为碎块状体斜坡。火烧岩剖面上烧熔岩与烘烤岩不均匀分布,有烟囱结构。整体上出露特点是沿河岸出露,垂直于河岸方向为原岩,在同一层位进行了测量。出露主要岩性及特征见表 3-12,现场分区体积磁化率(K)和硬度(HL)的实际测量值见表 3-13 和图 3-15。

表 3-12　清水川剖面特征表

测区编号	火烧岩类型	颜色	岩性特征
①	原岩	浅灰白色	砂岩,粒度均一性差,厚层状,夹有薄层砂质泥岩,风化程度中等。节理密度约 3 条/m,节理张开度 1～2 mm
②	烘烤岩	深红色 砖红色	细粒,厚层状,层理较清晰,弱风化,节理发育程度一般,岩体较完整。局部可见到暗红色烧熔岩和杂色烧结岩。厚 4～8 m。节理密度约 10 条/m,节理张开度 3～7 mm
③	烧熔岩	紫红色 暗红色	粒度细腻,层理不清晰,风化程度较弱,节理发育程度一般,多处可见烟囱通道口。多处可见烧结岩,杂色。节理密度约 14 条/m,节理张开度 4～6 mm

　　由图 3-15(a)可知,测点 1 属于原岩,体积磁化率(K)值为 0.049 0 SI;测点 2 属于烘烤岩,K 值为 0.243 4 SI,比未受烧变影响的测点 1 高 397%;测点 3 位于

"烟囱"结构影响范围内的烧熔岩区,K 值为 2.244 0 SI,比测点 1 高出 4 480%;测点 4 和测点 7 是位于同层位的烘烤岩,K 值分别为 0.302 0 SI 和 0.272 8 SI,比测点 1 分别高 516% 和 457%;测点 5 和测点 6 位于烧熔岩区,K 值分别为 1.760 8 SI 和 2.382 0 SI,相对于未受烧变影响的测点 1 原岩分别增加了 3 493% 和 4 761%;测点 8 位于原岩区,K 值为 0.030 8 SI,与测点 1 的 K 值非常相近。

表 3-13   清水川剖面体积磁化率和硬度现场实测表

测点编号	测量内容	实测值					平均值
1	K/SI	0.041	0.037	0.020	0.038	0.109	0.049 0
	HL	430	421	431	440	443	433.0
2	K/SI	0.268	0.342	0.134	0.300	0.173	0.243 4
	HL	456	529	460	447	524	483.2
3	K/SI	1.350	1.040	3.880	2.700	2.250	2.244 0
	HL	585	602	657	637	604	617.0
4	K/SI	0.283	0.287	0.378	0.268	0.294	0.302 0
	HL	477	493	500	538	550	511.6
5	K/SI	0.539	3.300	0.455	1.070	3.440	1.760 8
	HL	706	685	666	771	639	693.4
6	K/SI	4.120	2.780	1.450	1.220	2.340	2.382 0
	HL	696	678	591	677	721	672.6
7	K/SI	0.399	0.185	0.262	0.328	0.190	0.272 8
	HL	659	638	644	635	576	630.4
8	K/SI	0.023	0.017	0.042	0.033	0.039	0.030 8
	HL	402	423	441	425	436	425.4

由图 3-15(b)可以看出,测点 1(原岩)的硬度(HL)值为 433。测点 2 和测点 4 为经烧变影响后的烘烤岩区测点,HL 值分别为 483.2 和 511.6,比原岩分别增强了 11.6% 和 18.2%。测点 3、测点 5 和测点 6 为烧熔岩区测点,HL 值分别为 617、693.4 和 672.6,相对于原岩分别增强了 42.5%、60.1%、55.3%。测点 7 在岩性和色度的判断上为烘烤岩,但是其 HL 值却为 630.4,相对较强,比原岩高出 45.6%。测点 8 为同层位原岩区,HL 值为 425.4,与测点 1 相近。

总体上烧熔岩区的体积磁化率和硬度较高,而且受高温影响的烘烤岩值也比原岩高,烧熔岩区的体积磁化率离散程度高。

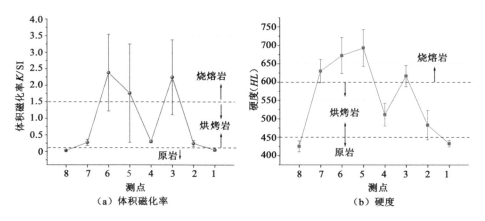

图 3-15 清水川剖面体积磁化率与硬度

3.2.7 火山村剖面

该剖面位于山西保德县省道 S249 沿黄河向北 19.5 km 处,旧县乡火山村西,黄河东岸(观测点编号 HS-11,坐标:111.190097E,39.182121N),属石炭-二叠系火烧岩区剖面。由图 3-16 可以看出该剖面地表黄土覆盖层较薄,植被以低矮灌草为主。

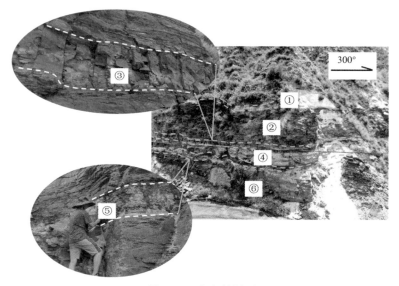

图 3-16 火山村剖面

　　火山村剖面火烧岩沿沟出露，为修路开挖出的新鲜剖面。该剖面以烘烤岩为主，局部位置可观测到烧熔岩，多处可见烟囱结构，并有多层煤燃烧的痕迹。火烧岩上部出露一层厚约 1 m 的雪白色砒砂岩。岩体为碎裂结构，碎块状体斜坡。该剖面岩性特征见表 3-14。现场分区体积磁化率（K）和硬度（HL）的实际测量值见表 3-15 和图 3-17。

表 3-14　火山村剖面特征表

测区编号	岩石类型	颜色	岩性特征
①	砒砂岩	漂白色 雪白色	细粒，薄层状，风化程度较严重，节理发育程度较强，岩体完整性较差
②	烘烤岩	红紫色	细粒，薄层状，风化程度中等，节理较发育，岩体完整性较差。节理密度约 5 条/m，节理张开度 1～3 mm
③	烘变岩	深红色	粒度细腻，局部断口呈陶瓷白色，有明显的"柱状节理"构造现象，层厚约 30 cm。差异风化现象明显。节理密度约 9 条/m，节理张开度 2～4 mm
④	烘变岩 烧熔岩	红色 暗红色	中-细粒，中层状为主，垂直节理较发育，弱风化，岩体完整性较好。局部可见暗红色烧熔岩，流纹构造。节理密度约 12 条/m，节理张开度 5～8 mm
⑤	煤灰	灰黄色	原煤中泥质含量较高，煤灰受到强风化。该层厚约 60 m，多处可见气孔，为煤层燃烧时的空气通道
⑥	烧熔岩 烘变岩	深红色 暗红色	粒度细腻，中-厚层，风化程度较弱，节理发育程度一般，以烘变岩为主，多处可见烟囱通道，烟囱周边为烧熔岩。节理密度约 18 条/m，节理张开度 5～10 mm

表 3-15　火山村剖面体积磁化率和硬度现场实测表

测区编号	测量内容	实测值					平均值
①	K/SI	0.035	0.022	0.021	0.034	0.039	0.030 2
	HL	350	340	383	379	387	367.8
②	K/SI	0.022	0.042	0.026	0.038	0.021	0.029 8
	HL	432	412	453	439	442	435.6
③	K/SI	0.530	0.370	0.510	0.490	0.360	0.452 0
	HL	424	422	403	414	512	435.0

表 3-15（续）

测区编号	测量内容	实测值					平均值
④	K/SI	1.640	2.590	2.530	2.560	2.580	2.380 0
④	HL	522	557	607	661	578	585.0
⑤	K/SI	0.571	0.342	0.432	0.356	0.418	0.423 8
⑤	HL	323	319	310	311	331	318.8
⑥	K/SI	0.092	0.447	0.254	0.318	0.401	0.302 4
⑥	HL	445	458	617	629	427	515.2

由图 3-17（a）可以看出，测区④的烧熔岩区体积磁化率（K）较高，值为 2.380 SI。测区⑤属于泥质含量较高的煤灰层，K 值为 0.423 8 SI，比烧熔岩区（测区④）低了 82.2%。煤灰层下部的烘烤岩 K 值相对更低，为 0.302 4 SI，相对于烧熔岩（测区④）低了 87.3%。上部测区③烘变岩 K 值为 0.452 0 SI，相对于烧熔岩区（测区④）低了 81.0%。测区②为受高温影响程度很低的烘烤岩，K 值为 0.029 8 SI，比烧熔岩区（测区④）低了 98.7%。测区①为砒砂岩，K 值较低，为 0.030 2 SI。

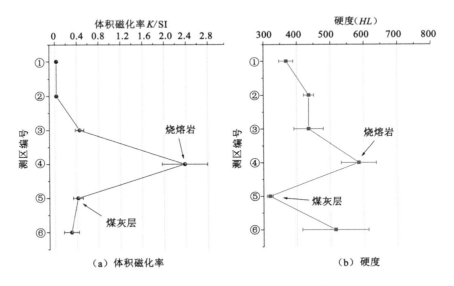

图 3-17　火山村剖面体积磁化率与硬度

由图 3-17（b）可以看出，煤灰层上部测区④硬度较高，HL 值为 585.0。测区③的 *HL* 值为 435.0,相对于测区④降低了 25.6%。测区②*HL* 值为 435.6,相对于测区④降低了 25.5%。测区①*HL* 值为 367.8,相对于测区④降低了 37.1%。测区⑤煤灰层 *HL* 值为 318.8,比烧熔岩低 45.5%。测区⑥为经过高温影响的烘变岩,*HL* 值为 515.2,比测区④低 11.9%。

综合来看,该剖面上受温度影响较高的测区④和测区⑥的硬变值较高,测得的数据离散程度较大,测区④的体积磁化率最高。

3.3　火烧岩分布规律

侏罗系火烧岩区和石炭-二叠系火烧岩区与研究区内的地质地层、水文地质条件和地形地貌在空间分布规律上都有一定的关联。

3.3.1　火烧岩分布与地层

研究区内火烧岩主要是由侏罗系煤层和石炭-二叠系煤层燃烧后对上部岩石烘烤形成,因此,煤层上部的侏罗系地层和石炭-二叠系地层为形成火烧岩的主要层位。

如图 3-18 所示,从现场地质调查结果可以看出,神木北和榆林东部的火烧岩露头处于侏罗系(J)地层中,在店塔和大柳塔两侧分布较多连续的火烧岩露头,厚度 50～100 m,主要沿沟谷、河谷出露于山体两侧。内蒙古东胜以东神山沟一带火烧岩露头点主要处于侏罗系地层中,由于地层构造抬升,侏罗系上部地层及火烧岩地层受到剥蚀作用,山顶可见大量火烧岩残积物,火烧岩厚度 1～30 m,底部可见白色砒砂岩。

府谷保德县以北火烧岩露头处于石炭-二叠系(C-P)地层中,沿黄河及其支流两侧沟底分布,在火山村、清水川沟和河曲县以东一带分布较多连续的火烧岩露头,厚度 10～20 m。火烧岩上部为石炭-二叠系灰白色砂岩,地表多为新近系红黏土覆盖,受构造隆起作用,局部可见白色、灰黄色砒砂岩。

3.3.2　火烧岩分布与地貌

将火烧岩分区和研究区地形地貌图进行对比,由图 3-19 可以看出,研究区火烧岩主要分布于黄土梁峁区和中山-中低山区。

侏罗系火烧岩地层上部主要地貌类型为黄土梁峁、黄土梁,覆盖厚度 1～15 m,地形较复杂、破碎,沟谷众多,下切深度为 50～100 m,坡度 15°～30°。内蒙古境内侏罗系火烧岩地层上部地貌类型为中低山,侵蚀切蚀较强烈,冲沟

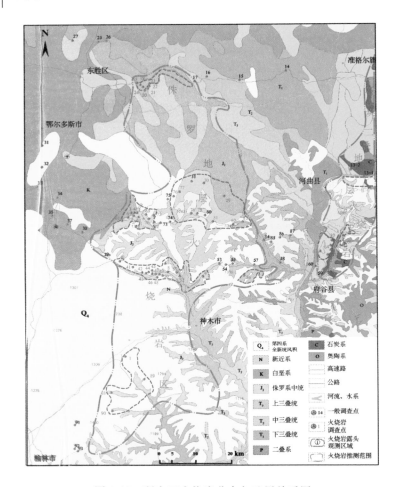

图 3-18 研究区火烧岩分布与地层关系图

发育,基岩裸露率高,相对高差约 200 m,坡度约 15°。石炭-二叠系火烧岩所处地貌类型主要为研究区陕西和山西境内中低山区,流水线状侵蚀为主,高差约 400 m,山脊圆滑。

3.3.3 火烧岩分布与水文

将根据地质地层划分的火烧岩分区与研究区水文地质图进行对比,由图 3-20 可以看出,研究区内火烧岩区下部含水层主要为风积黄土层孔隙含水层和石炭-侏罗系碎屑岩裂隙含水层。

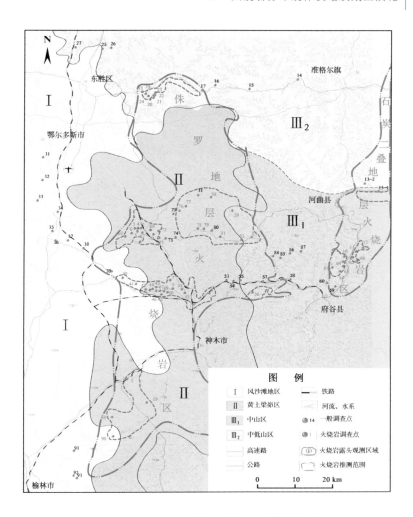

图 3-19 研究区火烧岩分布与地貌关系图

陕西境内侏罗系火烧岩主要分布于第四系风积黄土层孔隙含水层之上,该含水层水力性质为潜水,与下层裂隙含水层之间无稳定隔水层,富水性弱。乌兰木伦河、窟野河及其支流的下切作用不仅使煤层出露,也使地下水位下降。火烧岩露头主要沿水系两侧分布,向岩层内部延伸 1~2 km。

内蒙古境内侏罗系火烧岩主要分布于石炭-侏罗系碎屑岩裂隙含水层之上,该层含水介质以砂岩为主,与泥岩不等厚互层,上部基岩一般发育风化裂隙和卸荷裂隙,易接受大气补水,随着深度的增加,裂隙发育减弱,渗透性较差。

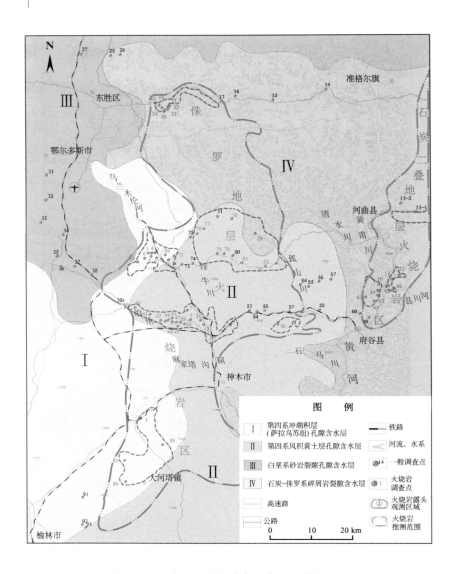

图 3-20　研究区火烧岩分布与水文地质关系图

该区水系不发育,火烧岩受构造影响较多。

研究区西部为萨拉乌苏组含水层,上部地形波状起伏,高差较小,含水层岩性以粉砂、细砂岩为主,厚度大,隔水层稳定,具有良好的储水功能,且水位埋藏浅;下部火烧岩不发育,为火烧岩西部主要边界线。

　　研究区内石炭-二叠系火烧岩主要分布于黄河两岸的石炭-侏罗系碎屑岩裂隙含水层之上,该区地形切割强烈,高差较大,含水层以中-厚层砂岩为主,与泥岩、页岩不等厚互层,裂隙水分布极不均一,水量贫乏。地表水系主要为黄河及其支流清水川河、黄甫川河、县川河等,水系的下切作用使地下水位下降,煤层裂隙中的空气和外界流通,有利于燃烧。

3.4　地质演化及火烧岩成因

　　鄂尔多斯盆地东北缘的基本构造单元主要包括陕北斜坡、东缘的晋西挠褶带和北部的伊盟隆起。晋西挠褶带及陕北斜坡主要呈现为向盆地西部坳陷带缓倾的构造掀斜地貌,盆地北缘伊盟隆起的东西向构造与盆地东缘晋西挠褶带南北向构造在准格尔地区交接叠加[102]。

3.4.1　石炭-二叠系火烧岩成因演化

　　石炭-二叠纪是晚古生代(PZ$_2$)重要的海相成煤时期,侏罗纪是中生代(Mz)重要的陆相成煤时期[103]。印支运动早期,华北区域处于相对稳定的构造发展阶段。根据表 3-16、图 3-21 可以看出,第Ⅰ阶段,在 200 Ma BP,印支运动晚期,晚三叠世至早侏罗世以来,鄂尔多斯盆地东北部的沉积构造演化表现为西南边缘多旋回逆冲推覆而东部隆升的特点[104]。

表 3-16　构造运动年代阶段简表(改编自《国际地层表》)

代	纪	同位素年龄 /Ma	构造运动	
			发生年代	阶段
新生代 (Kz)	第四纪(Q)	1～3	喜山运动二期	喜山阶段
	晚第三纪(N)	18		
	早第三纪(E)	25	喜山运动一期	
		65		
中生代 (Mz)	白垩纪(K)	135	晚期燕山运动	燕山阶段
	侏罗纪(J)	150	中期燕山运动	
	三叠纪(T)	200	早期燕山运动	
晚古生代 (PZ$_2$)	二叠纪(P)	280	印支运动 海西运动	印支-海西阶段
	石炭纪(C)	350		
	泥盆纪(D)	400		

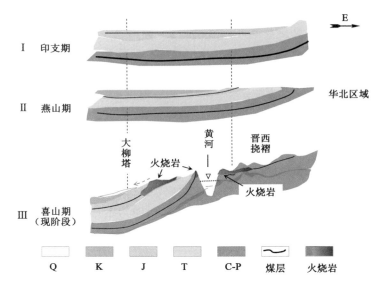

图 3-21 研究区火烧岩形成与晋西挠褶

中生代时期,由于受印支运动和燕山运动的影响(第Ⅱ阶段),晋西挠褶带以东地区开始快速隆升,特别是燕山运动中期,其最主要的特征就是中国东部的褶皱隆起[105]。在 135 Ma BP 的燕山期晚侏罗-早白垩世,盆地自东向西构造掀斜和隆升剥蚀,侏罗系煤层产出地表,同时伴随强烈的构造热活动,引起上古生界煤系烃源岩进入生、排烃高峰期,天然气大量生成并发生近距离运聚成藏。白垩纪晚期,受喜山运动早期的影响,中国东部近东西向构造体系中的东部隆起,石炭-二叠系地层不断抬升和大面积出露地表[106]。新生代以来,喜山运动二期(第Ⅲ阶段),在 30 Ma~20 Ma BP,研究区东部所处古盆地开始差异上升,东南部较高,隆起带高差加大,盆地整体缓慢上升,25 Ma±的中新世时期,陕北地层开始强烈上升,侏罗系煤层大面积出露地表。同时期,二叠系油气发生散逸事件,为煤层自燃和围岩烧变提供了烃类助燃条件[107],时志强研究推测,侏罗系延安组煤层自燃事件发生在 20 Ma±[108]。8 Ma BP,晚第三纪至第四纪初,鄂尔多斯高原抬升,研究区东部以黄河为基准的侵蚀面降低,窟野河、秃尾河等黄河支流急剧下切,使侏罗煤层产出地表。在 1.8 Ma BP,黄河水系开始形成,研究区内保德至河曲一带的地层由于黄河水系的不断下切和晋陕峡谷的形成,使石炭-二叠系的煤层出露地表[109],区域内的地下水位降低,煤层裂隙中的空气交换条件形成。

3.4.2　侏罗系火烧岩成因演化

研究区北部伊盟隆起大致在中生代晚期开始形成。如图 3-22 所示，第Ⅰ阶段，在 190 Ma BP 早侏罗世燕山早期，鄂尔多斯盆地北部榆林至东胜一带处于相对稳定的沉积阶段，在区域性弱伸展均陷环境下，发育中下侏罗统内陆河湖相含煤碎屑岩沉积构造[110]。第Ⅱ阶段，在 150 Ma BP 的晚侏罗世燕山中期，伊盟隆起北缘发育逆冲推覆构造，使伊盟隆起开始长期稳定的缓慢抬升[111]。135 Ma± 燕山运动晚期白垩系地层沉积，盆地北部持续较长时间的差异隆起和剥蚀[112]。在 65 Ma±，白垩纪末晚燕山-早喜山期，研究区北部抬升剥蚀，易风化的砒砂岩出露地表[113]。

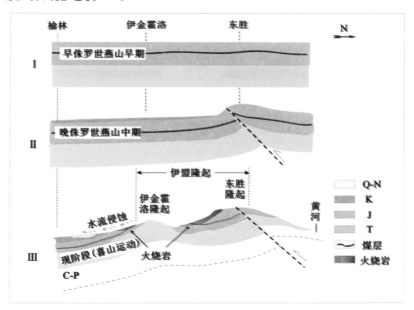

图 3-22　研究区侏罗火烧岩形成与伊盟隆起

喜山运动期构造活动比较强烈，研究区在第Ⅲ阶段以上升运动为主，也使伊盟隆起南部的侏罗纪煤层抬升露出地表。20 Ma±，出露煤层发生自燃现象，高温使煤层周围岩层产生不同程度的烧变[108]。伊盟隆起于 18 Ma 的更新世快速抬升[114]，自北而南隆起东胜凸起、伊金霍洛凸起等次一级的构造，现今构造格局基本定型[115-116]。更新世以来，河流下切达到 10 m 之多，黄河支流的下切作用使得地下水位下降[109]，煤层中产生和外界空气流通条件。

3.4.3 河流下切对火烧岩成因影响

受河流长期侵蚀下切作用,河床下切,河道加深加宽,基岩及煤层出露[117],进而诱发煤层燃烧,围岩受热形成火烧岩的过程如图 3-23 所示。第一阶段,河

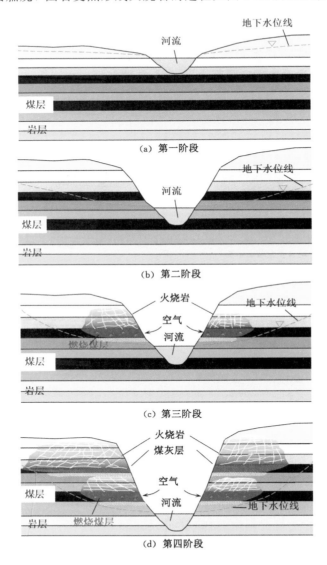

图 3-23 火烧岩与水系下切示意图

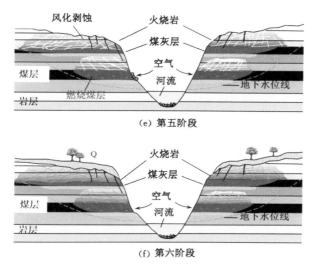

图 3-23（续）

道较浅，地下水位线较高，煤层处于河流下方[图 3-23(a)]；第二阶段，随着河流的下切作用，河道切穿上部煤层，地下水位下降，煤层出露[图 3-23(b)]；在自然或人类行为条件下，煤层发生燃烧事件（第三阶段），烘烤围岩[图 3-23(c)]；第四阶段，随着长期且严重的侵蚀作用，下方煤层出露，与空气接触更易于燃烧；第五阶段，受煤层的燃烧和近地表岩层的风化剥蚀作用，岩体及煤层破碎，发育大量裂隙[图 3-23(d)(e)]；第六阶段，岩体及煤层中的裂隙为空气向内流通提供有利通道，致使煤层持续向内燃烧，产生大面积岩体损伤和发育火烧岩。在降雨时期，地表水通过下渗进入火烧岩孔隙[图 3-23(f)]。

3.5　本章小结

（1）根据燃烧煤层的煤系地层特征，结合火烧岩出露情况，将火烧岩区划分成 2 个区，即榆阳区-神木-东胜侏罗系火烧岩区和晋陕峡谷石炭-二叠系火烧岩区。

① 榆阳区-神木-东胜侏罗系火烧岩主要处于侏罗煤系地层上部，主要地貌形态为黄土梁峁区，西部边界与萨拉乌苏组含水层界线相吻合。

② 晋陕峡谷石炭-二叠系火烧岩主要处于研究区内黄河两岸的石炭-二叠系地层上部。受黄河及其支流下切的影响，石炭-侏罗系碎屑岩裂隙水水位线

下降,为火烧岩的形成提供了有利条件。

(2)通过对研究区内 7 处典型火烧岩剖面进行现场实测,发现未受烧变影响的砂岩体积磁化率较弱,随着与燃烧煤层距离的减小,体积磁化率逐渐增强,且岩石的表面硬度也较高。

(3)印支运动晚期 200 Ma BP,盆地东北缘晋西挠褶带地区开始以隆升为主的升降构造运动;1.8 Ma BP,随着黄河水系不断下切,黄河两岸石炭-二叠系多级煤层出露地表;晚侏罗世燕山中期 150 Ma BP,盆地北部的伊盟隆起开始长期稳定地缓慢抬升,于 18 Ma BP 的更新世快速抬升,区内河流向黄河汇聚下切地层,使侏罗煤系出露地表。多期构造运动使研究区内的侏罗系煤与石炭-二叠系煤产生燃烧条件,形成火烧岩。

4 火烧岩分类及其成岩模式

本章根据热声发射技术对火烧岩烧变温度进行识别，通过微观尺度观察，结合火烧岩的颜色特征、距火源距离和烧变温度，对研究区火烧岩分类，基于火烧岩产出结构特征，揭示火烧岩的成岩模式。

4.1 火烧岩温度识别

试验选取张家峁剖面岩石样品进行热处理，最高加热温度设置为 700 ℃，升温速率为 8 ℃/min，加热的过程中实时监测声发射信号，然后基于岩石热致声发射振铃计数和能量特征对不同层位火烧岩的烧变温度进行识别。

从图 4-1 可以看出，当加热温度超过某一温度之后，岩石声发射累计能量曲线开始呈显著的上升趋势，这一温度被定义为热 Kaiser 效应的阈值温度[118-119]。当加热温度在 50～100 ℃时，开始出现声发射信号，累计能量曲线接近水平。此时岩石内部主要扩展和形成一些小裂纹，造成的热损伤较小，几乎不会产生声发射信号。当加热温度超过阈值温度后，岩石内部矿物逐渐受热膨胀，产生热损伤[120-121]，导致声发射信号显著增多。对于第①～③层岩石，阈值温度在 150～200 ℃范围内；第④和⑤层岩石，阈值温度分别为 372 ℃、638 ℃。随着温度的升高，热破裂持续产生，岩石内部聚积的能量得以释放。随着热破裂裂纹出现，岩石内部自由结构面产生，具有阻止裂纹扩展和容纳岩石变形的作用，声发射出现小范围的平静期。随着裂纹的继续扩展，积聚的能量再次释放，产生声发射信号。当加热温度超过 600 ℃后，累计能量曲线出现多个平台，如图 4-1(d) 和 (e) 所示。同时，石英等矿物发生相变，体积急剧膨胀，导致热破裂程度加剧，声发射信号出现二次增强的现象。对于第⑧层岩石，阈值温度约为 245 ℃。通过岩相学及相关资料显示，第⑥⑦层岩石经历的最高温度超过 700 ℃，但在本次试验中未能准确识别。

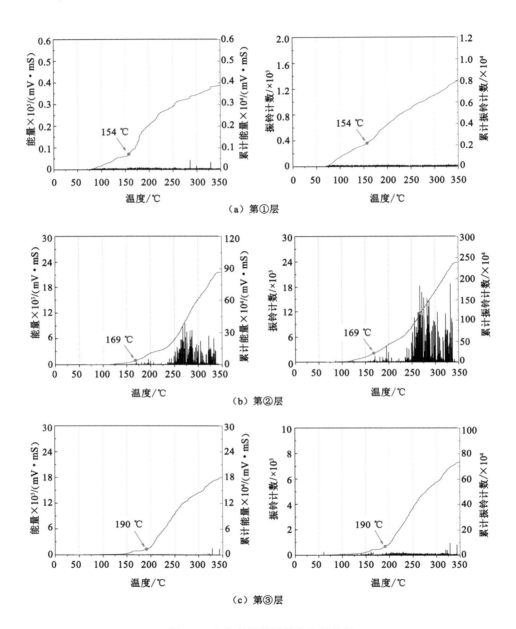

图 4-1 声发射振铃计数和能量特征

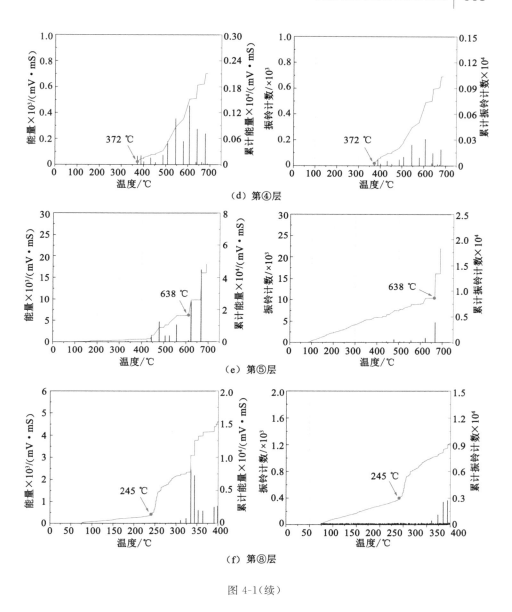

图 4-1（续）

　　声发射拉张裂纹（AF）和剪切裂纹（RA）的值可以表征岩石内部的裂纹类型[122]。RA 值是由上升时间除以声发射信号的幅值计算得到，AF 值是由超过门槛值的声发射计数除以声发射撞击的持续时间计算得到[123]。一般来说，高

RA 值和低 AF 值表示剪切裂纹发育;高 AF 值和低 RA 值表示拉张裂纹发育[124-125],如图 4-2 所示。

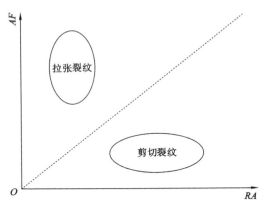

图 4-2　剪切裂纹和拉张裂纹分布区域示意图

　　根据图 4-2 剪切裂纹和拉张裂纹分布区域示意图,制作火烧岩 RA-AF 散点分布图。从图 4-3(a)中可以看出,对于第①层砂岩,在加热过程中声发射数据点在剪切裂纹和拉张裂纹区都有分布,RA 值主要分布在 $0\sim15$ ms/V 的范围内,AF 值主要分布在 $0\sim30$ kHz。当加热温度超过 200 ℃时,声发射的数据点逐渐增多,表示热 Kaiser 效应的阈值温度小于 200 ℃。

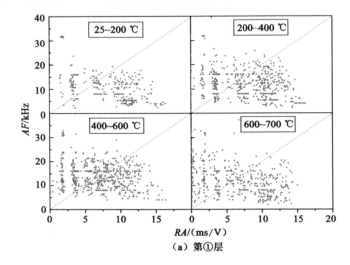

(a) 第①层

图 4-3　RA-AF 散点分布图

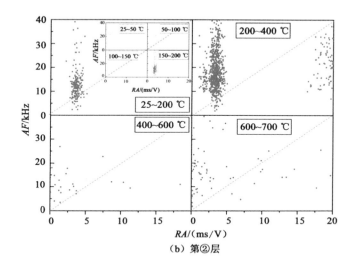

（b）第②层

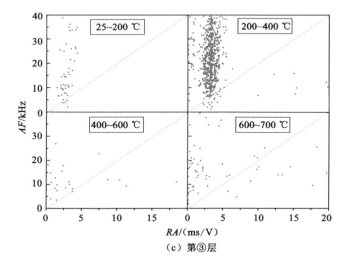

（c）第③层

图 4-3（续）

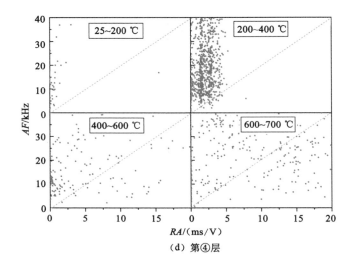

（d）第④层

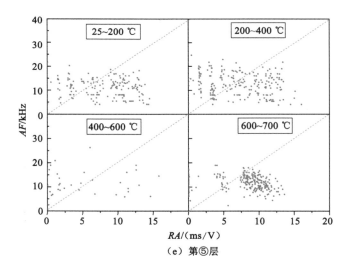

（e）第⑤层

图 4-3（续）

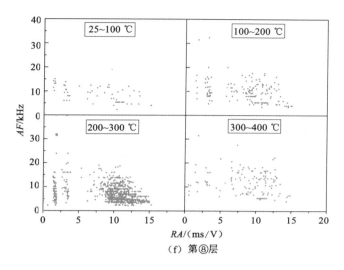

图 4-3（续）

　　对于第②③④层砂岩,当加热温度低于 200 ℃时,声发射数据点主要集中在拉张裂纹区。当加热温度为 200～400 ℃时,声发射数据点显著增加,且主要分布在拉张裂纹区,剪切裂纹区有部分声发射信号。由此可以判断出第③④层砂岩的温度阈值为 200～400 ℃。我们将温度区间缩小,如图 4-3(b)所示,可以看出,当加热温度超过 150 ℃时,声发射信号开始增加,因此第②层砂岩热 Kaiser 效应的温度阈值为 150 ℃左右,与声发射能量预测值相近。加热温度超过 400 ℃后,第②③层砂岩声发射信号减小,且 RA-AF 值相对分散。对于第④层砂岩,超过 400 ℃后,声发射信号相对第②③层信号较多,且在拉张裂纹和剪切裂纹区散乱分布。对于第⑤层砂岩,当加热温度超过 600 ℃时,声发射信号开始向剪切裂纹区移动,这主要与高温下岩石内部的穿晶剪切裂纹的发育有关。对于第⑧层砂岩,目标温度设置为 400 ℃。从图 4-3(f)中可以看出,200～300 ℃时,声发射信号显著增多,热 Kaiser 效应的阈值温度位于此温度区间内。

　　不同的声发射波形的频率分量和振幅对应着不同的声发射源机制[126]。因此,研究声发射波形的频率和幅值特征,有助于掌握岩石的微观破裂机理。一般来说,剪切裂纹呈现低频波形,而拉伸裂纹则呈现高频波形[127-128]。

　　图 4-4 展示了不同层位岩石样品声发射频率和幅度随加热温度的变化趋势。当加热温度较低时,岩石表现出低频率、低幅度的信号。这主要是因为高温下岩石内部矿物受热膨胀,部分矿物颗粒发生摩擦滑移,呈现剪切模式破坏,

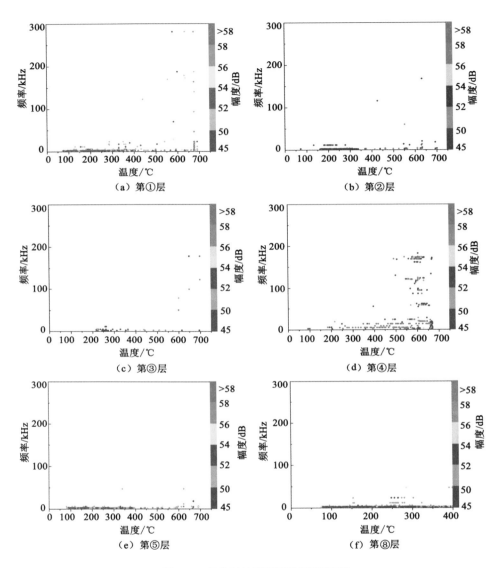

图 4-4 声发射波形频率和幅值特征

释放低频率的信号,由于热损伤较小,产生低幅度的信号。随着温度的升高,砂岩内部热损伤加剧,石英在 600 ℃ 左右发生相变,体积急剧膨胀,挤压周围矿物,矿物颗粒边界发生滑移。同时岩石内部沿晶拉张裂纹和穿晶剪切裂纹共同发育,释放高频率和高幅度的声发射信号。对于第①②③④层位的岩样,由于其所经历过的最高温度小于 400 ℃,所以当加热温度低于 400 ℃时,声发射信号较少,以低频率、低幅度(45~50 dB)的信号为主;400 ℃之后高幅度的声发射信号开始增多;600~700 ℃时,主要产生高频率和高振幅的声发射信号。特别是对于第④层岩样,由于其所经历的温度最高接近 400 ℃,岩石内部已产生不可逆的热损伤,产生热致裂纹。当再次加热时,受到矿物热膨胀的影响,这些热致裂纹会不断地扩展和贯通,导致岩石在 400 ℃之后产生大量高幅度的声发射信号。第⑤层岩样,在达到温度阈值(约 638 ℃)前,以幅度在 50~54 dB 的声发射信号为主,在 600 ℃左右出现个别高频率和高幅度的声发射信号。第⑧层岩样,当加热温度在 250 ℃左右时,高频率和高幅度的声发射信号开始产生。

综上,相比于声发射振铃计数,用声发射能量预测的不同层位砂岩热 Kaiser 效应的温度阈值更准确。当热处理温度较低时,拉张裂纹相对发育,砂岩发生低频率和低幅度的声发射事件;随着温度的升高,剪切裂纹逐渐发育,高频率和高幅度的事件逐渐增多。通过声发射能量计数,并结合 *RA-AF* 散点图和频率-振幅分布图,可以较准确地预测不同层位砂岩热 Kaiser 效应的温度阈值。如图 4-5 所示,对于第①~⑤层岩石,温度阈值逐渐升高,对于第⑥⑦层砂岩,通过岩相学及相关资料显示曾经的最高温度超过 700 ℃,由于试验条件所限,无法通过热声发射试验准确判断其温度阈值。

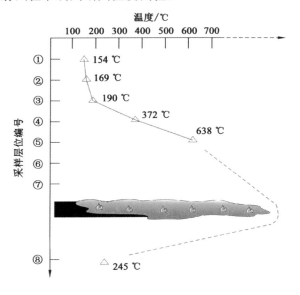

图 4-5　火烧岩热 Kaiser 效应预测阈值温度

4.2 火烧岩分类

目前国内对火烧岩普遍的分类方法是尚桂林等[129]提出的,即根据火烧岩相对原岩的结构变化特征将火烧岩可分为三类:烘烤烧变岩、熔-烤过渡烧变岩和熔合烧变岩。侯恩科等[130]根据烧变程度和颜色将火烧岩分为烘烤岩、烧结岩和类熔岩。本次研究结合火烧岩结构构造与质量等特征,根据火烧岩形成模式与推测温度等(图4-6),将火烧岩分为烘烤岩、烘变岩、烧结岩和烧熔岩四类,见表4-1。

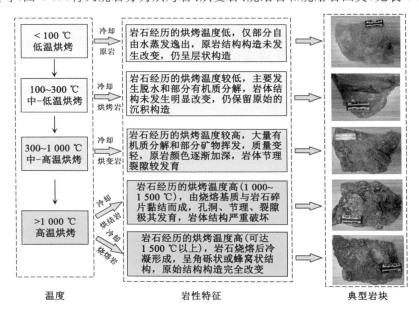

图 4-6　火烧岩特征与温度关系

表 4-1　火烧岩分类表

分类	颜色特征	结构构造	成分变化	其他特征
烘烤岩	浅色系砖黄色	层状构造,与原沉积岩相似	岩石矿物成分变化率小于10%,单位质量较轻	受热温度小于300 ℃,距火源一般大于5 m
烘变岩	褐红色、砖红色	板状、层状构造,有变质岩特征	矿物成分变化率为10%～60%,单位质量较轻	受热温度300～1 000 ℃。位于烧熔岩之上,距火源一般大于1 m

表 4-1(续)

分类	颜色特征	结构构造	成分变化	其他特征
烧结岩	杂色	角砾状构造,类似于火山角砾岩	岩石和矿物成分复杂,单位质量较轻	推测温度 1 000~1 500 ℃。主要位于岩体破碎带
烧熔岩	深红色、黑红色	流纹状构造,气孔状构造,类似于喷出岩	岩石和矿物成分变化率大于60%,单位质量较重	推测温度 1 000~1 500 ℃。与火源接触,厚度一般 0.2~1.5 m

（1）烘烤岩

烘烤岩以浅色系砖黄色为主,见图 4-7。烘烤岩距火源一般大于 5 m,岩石受到煤层燃烧影响的温度低于 300 ℃[131],基本保持其原有沉积特征。其岩石矿物成分变化率小于 10%,以层状构造为主[见图 4-7(d)],结构和层理没有明

(a)

(b)

(c)

(d)

图 4-7　烘烤岩

显变化,岩石中的化石保存较完整[见图 4-7(a)]。然而,由于高温作用,岩石中有机质部分挥发,同时三水铝矿和无定形氢氧化物分解,导致质量损失,岩石单位质量相对变轻,表面硬度略有增大。

(2)烘变岩

烘变岩较烘烤岩色系深,以砖红色、褐红色为主,见图 4-8。它位于烘烤岩下部,距火源一般大于 1 m,顶板岩石受到煤层燃烧影响的温度介于 300~1 000 ℃[131]。其原有层理特征清晰[见图 4-8(b)],但是结构构造有明显改变,发生塑变和变质作用,变质程度不一,大部分呈板状、层状构造,岩石矿物成分变化率 10%~60%。由于石英的相变膨胀,其节理、裂隙比较发育且张开度较好[见图 4-8(c)(d)],硬度有所增大。更高温度的烘烤使原岩中有机质和部分矿物挥发,黏土矿物(主要为高岭土)遇热发生脱羟基化作用,使岩石的质量损失,单位质量相对变轻,表面硬度增大。

图 4-8　烘变岩

（3）烧结岩

烧结岩为红色、黄色、褐色和黑色等杂色（见图 4-9）。煤层燃烧的热量聚集在热传递通道附近，热传递通道主要是断层面、断裂面、烧空塌落区和节理裂隙面等，烧空塌落堆积物和断层、断裂面角砾岩受到的温度高于 1 000 ℃[131]，熔融体黏结在一起，冷却胶结形成烧结岩。烧结岩由砂岩、泥岩、火烧岩和熔融体流动后冷却而成的磁铁矿等多种物质混合而成，因此矿物构成复杂。烧结岩粒度极不均一，以角砾状构造为主，局部可观察到气孔构造，孔隙裂隙非常发育，质量较轻，硬度因岩石的压密程度而不统一。

（a）　　　　　　　　　　　　（b）

（c）　　　　　　　　　　　　（d）

图 4-9　烧结岩

（4）烧熔岩

烧熔岩以深红色、黑红色为主（见图 4-10）。其原岩主要是燃烧煤层顶板岩层，与火源接触，厚度为 0.2～1.5 m。由于其成岩位置靠近燃烧的煤层，受热温度大于 1 000 ℃，局部可达到 1 500 ℃[131]，导致大量原生矿物达到熔点，岩石几乎完全熔化呈塑流态或类岩浆态,随着温度下降逐渐冷凝就形成了烧熔岩。其外观类似岩浆喷出产物,具有典型的气孔构造、流纹构造、杏仁构造,一般呈薄层且不规则状,局部可见到熔融—流动—冷却而成的磁铁矿,质地坚硬。

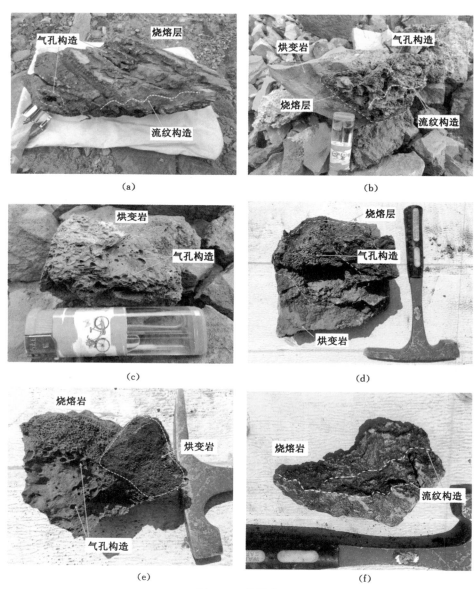

图 4-10 烧熔岩

4.3   火烧岩微观特征

4.3.1   矿物成分

在张家峁剖面采得 8 组样品,使用 STEMI-508 双目立体显微镜分析样品微米级别的矿物成分、结构构造等特征,获得的微观图见图 4-11,分析结果见表 4-2。

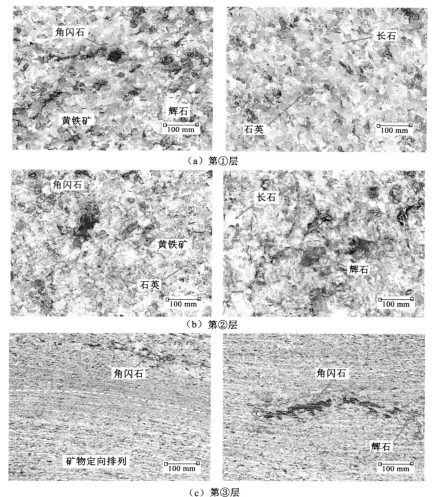

（a）第①层

（b）第②层

（c）第③层

图 4-11   张家峁剖面火烧岩微米级别微观图

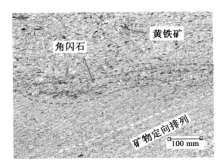
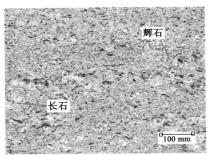

（d）第④层

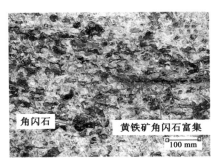
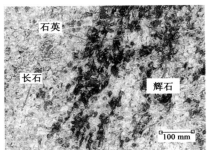

（e）第⑤层

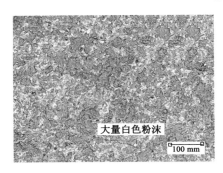
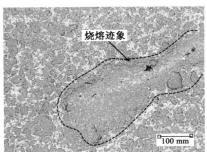

（f）第⑥层

图 4-11（续）

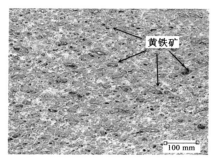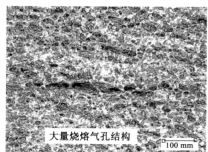

（g）第⑦层

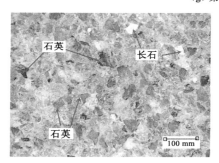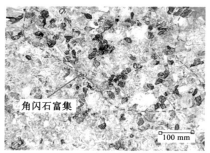

（h）第⑧层

图 4-11（续）

表 4-2　张家峁矿区典型火烧岩成分及结构特征

采样层位	岩性/颜色	矿物成分	结构构造	其他特征
① 图 4-11（a）	原岩特性/灰白色	白色斜长石和灰白色石英，以及黄铁矿、一些角闪石和辉石等暗色矿物在岩石表面较均匀地分布	矿物颗粒比较清晰，大小比较均一，分选性较好，胶结程度一般，石英、长石等矿物颗粒的磨圆度一般	
② 图 4-11（b）	原岩特性/灰白色	白色斜长石和灰白色石英，以及角闪石、辉石等暗色矿物在岩石表面较明显地分布	矿物颗粒清晰程度一般，大小不均一，分选性一般。矿物之间胶结紧密，胶结程度较好，石英、长石等矿物颗粒的磨圆度一般	黄铁矿的含量较第①层有所增多并且出现富集现象

表 4-2(续)

采样层位	岩性/颜色	矿物成分	结构构造	其他特征
③ 图 4-11(c)	烘烤岩特性/灰黄色	长石和石英颗粒较细、角闪石、辉石等暗色矿物出现富集现象	矿物之间的胶结紧密,石英、长石等矿物颗粒的磨圆度一般	矿物颗粒出现明显的定向排列特征
④ 图 4-11(d)	烘烤岩特性/灰红色	黄铁矿的含量较多。角闪石、辉石等暗色矿物出现富集现象	矿物之间胶结程度一般,矿物颗粒不清晰,磨圆度一般	矿物颗粒出现明显的定向排列特征,大小较均一,分选性较好
⑤ 图 4-11(e)	烘烤岩特性/灰黄色	长石以灰白色为主,石英以灰紫色为主,在岩石表面明显分布。黄铁矿的含量较多,层状富集	矿物之间胶结程度较好,矿物颗粒的磨圆度较好	矿物颗粒清晰,角闪石、辉石等暗色矿物所占比例较多,并且和黄铁矿富集在一起
⑥ 图 4-11(f)	烘变岩特性/砖红色	由于受到高温的影响,表面已经无法分辨出长石、石英等矿物颗粒,矿物之间胶结紧密	黄铁矿的含量较多,较前几层岩石,黄铁矿颗粒尺寸变小,有烧熔的迹象,角闪石、辉石等暗色矿物含量变少,有烧熔迹象	矿物颗粒粒度变细,颜色以红色系为主,颗粒大小较均一,分选性较好。充填有大量白色粉末状矿物
⑦ 图 4-11(g)	烘变岩特性/砖红色	矿物颗粒和矿物颗粒间的充填物呈现出砖红色。长石、石英等矿物颗粒不易分辨	可观察到大量气孔,矿物颗粒粒度较粗,颜色以红色系为主,矿物颗粒间充填有大量白色粉末状矿物。黄铁矿和石英周边出现明显的气孔和烧熔现象	黄铁矿颗粒尺寸变小,角闪石、辉石等暗色矿物含量变少,有烧熔迹象。矿物之间的胶结紧密
⑧ 图 4-11(h)	原岩特性/灰白色	斜长石呈灰白色,石英为灰色,角闪石和辉石等暗色矿物在岩石局部富集,分布不均	矿物颗粒比较清晰,颗粒尺寸均一性一般,分选性一般,胶结程度一般,石英、长石等矿物颗粒的磨圆度较差	该层岩石中未观察到黄铁矿

4.3.2 微观结构

采用 JSM-7610F 型场发射扫描电子显微镜(SEM)对②～⑦样品进行岩石微观结构构造观察,结果见图 4-12。

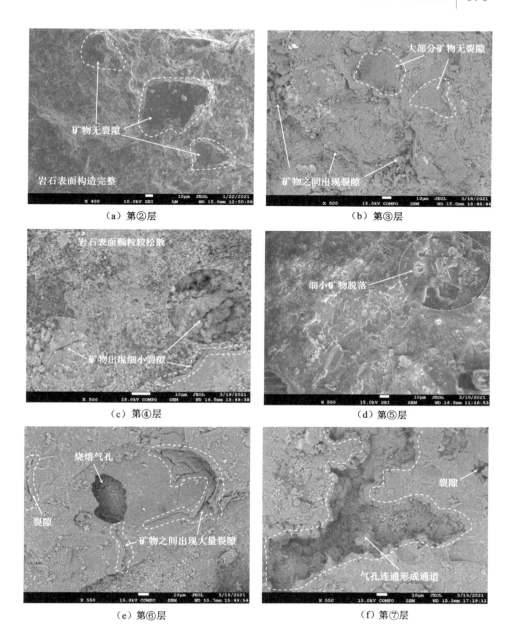

（a）第②层

（b）第③层

（c）第④层

（d）第⑤层

（e）第⑥层

（f）第⑦层

图 4-12　第②～⑦层岩样微观构造图

由图 4-12(a)可以看出,受温度影响较小的第②层岩样的微观特征相对于砂岩没有发生明显的变化,岩石微观构造较完整,没有观察到明显的裂隙,矿物颗粒胶结较紧密,显示出了该区域的砂岩特征。从图 4-12(b)可以看出,第③层火烧岩样品大部分矿物没有发生明显的变化,但岩石中的矿物之间已经可观察到微小的裂隙,胶结性较差。图 4-12(c)所示为第④层岩样,可以看出,当岩石受烘烤温度达到 200 ℃左右时,岩石样品表面颗粒胶结性表现出松散的特征,而且部分矿物内部出现了细小的裂纹。图 4-12(d)所示为第⑤层岩样,它的烘烤温度达到了 600 ℃以上,岩石中的大量细小矿物出现脱落现象。随着距燃烧煤层越来越近,由图 4-12(e)所示第⑥层岩样的情况看,矿物之间均出现了大量裂隙,并且可观察到局部有烧熔气孔,出现烧熔岩特征。第⑦层距燃烧煤层更近一些,受到的温度更高,由图 4-12(f)可见岩石内部有较大的裂隙,气孔构造现象也越来越明显,且连通性好,局部可见流纹状构造,烧熔特征较明显。

图 4-13(a)为第⑤层火烧岩样品在扫描电镜下 50 倍图,由图可以看出,岩石受到的烘烤温度在 600 ℃左右时,岩石样品的表面未出现气孔构造,局部可观察到裂隙。图 4-13(b)为第⑥层岩样在扫描电镜下 50 倍图,由图可以明显观察到大量微气孔构造,此时岩石受到的烘烤温度达到 800 ℃左右。

（a）第⑤层　　　　　　　　　　　　　（b）第⑥层

图 4-13　气孔出现层位的 50 倍 SEM 图

对张家峁剖面烧结岩与烧熔岩进行 SEM 纳米级别观测,结果如图 4-14 和图 4-15 所示。

由图 4-14(a)~(e)可以看出,烧结岩表面发育粒间骨架孔,微孔隙和微裂隙分布较少,孔隙和裂隙的尺寸小、数量少。石英、长石等矿物表面发育熔蚀孔,形状为圆状、长条状或不规格的多边形,无大面积的烧熔痕迹。在烧结岩中还可观察到直筒状孔洞,这是岩石在高温烧结过程中形成的,为热气体排出的通道。逸出的气体与环境中的氧气接触,导致孔洞周围岩体持续升温,孔洞受热,形状多为圆形或椭圆形,直径约 $1~\mu m$ [见图 4-14(f)(g)(h)]。

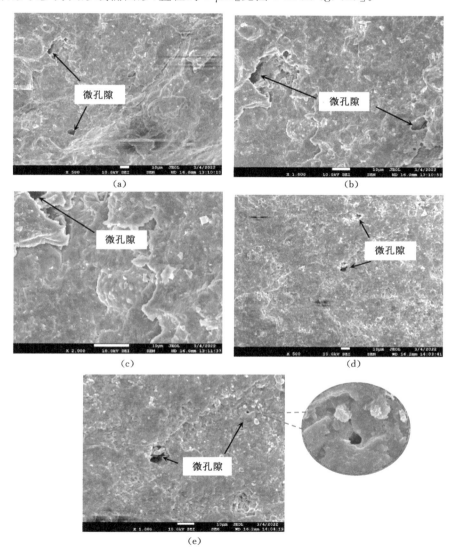

图 4-14　烧结岩 SEM 纳米级别观测图

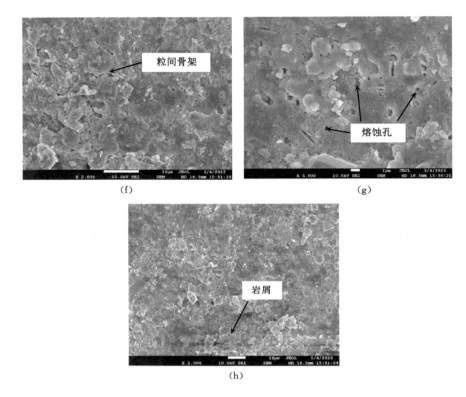

图 4-14（续）

由图 4-15 烧熔岩 SEM 图可以看出，火烧岩样品表面发育微裂隙和孔隙，以岩屑颗粒以及岩屑与矿物颗粒之间形成的粒间骨架孔为主，局部存在大尺寸裂隙，宽度约 2 μm。石英、长石之间的黏土矿物表面发育大量熔蚀孔，孔径约

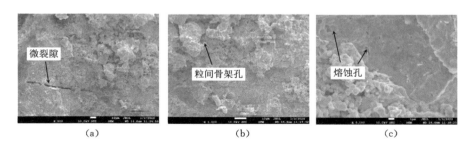

图 4-15　烧熔岩 SEM 纳米级别观测图

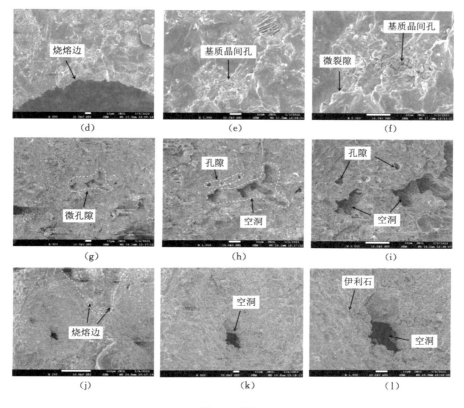

图 4-15(续)

0.2 μm，局部存在较大的空洞，直径大于 200 μm，存在明显的烧熔痕迹。空洞周围岩体发育基质晶间孔，存在少量微裂隙。空洞内部岩体碎片化严重，呈层状或片状脱落，微孔隙和微裂隙发育。有烧熔迹象的火烧岩中可见伊利石，呈丝缕状或不典型的鳞片状，微裂隙和空洞发育[132]。

4.4　火烧岩成岩模式

根据宏观观察和微观观测，相对于砂岩，烧烤岩与烘变岩在岩石微观结构、构造方面有较明显变化，部分矿物有聚集现象，矿物成分变化较弱，颜色发生较明显变化，其他特征与原岩相似，成岩模式简单，在此不做分析。本研究仅对烧结岩和烧熔岩成岩模式进行分析。

4.4.1 烧结岩成岩模式

通过野外调查发现,鄂尔多斯盆地东北缘烧结岩的形成与地质灾害和地质构造等关系密切。烧结岩的成岩模式可分为垮落-黏结式和断层-黏结式两种,分别如图 4-16 和图 4-17 所示。

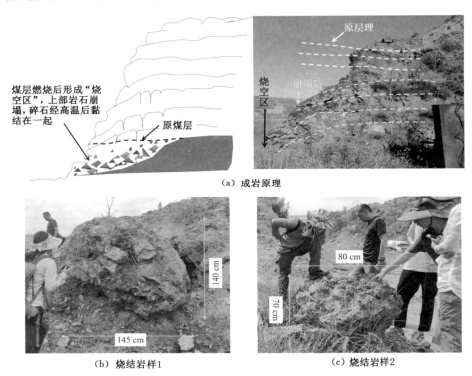

图 4-16　烧结岩成岩模式Ⅰ(垮落-黏结式)

（1）模式Ⅰ:垮落-黏结式

如图 4-16(a)所示,煤层燃烧气化后卸荷,导致上覆岩层变形、开裂,破坏原应力的平衡状态。当燃烧煤层厚度大于 1 m 时,形成较大面积烧空区,失去原有支撑的围岩向烧空区产生变形。高温加剧了围岩节理裂隙的发育,当应力超过极限值时围岩被破坏,特别是节理、裂隙等软弱结构面发育的岩体破坏更为显著。煤层上方破坏了的岩体大量塌落,堆积于烧空区内,塌落物经高温后黏结在一起,形成烧结岩。

（2）模式Ⅱ：断层-黏结式

如图 4-17（a）所示，在断层断裂地带，角砾岩含量较高，该区域空气流通性更好，煤层燃烧更加充分，岩石及矿物被高温熔融，将断层带上的角砾岩黏结在一起，形成烧结岩。角砾包括不同程度的火烧岩和上部未受温度影响的原岩，角砾之间的基质多为烧熔的岩石矿物胶结物。烧结岩在断层破碎带上分布较广泛，其厚度取决于断层带规模和破碎的强度，有些厚度大，延伸长，主要特点是体积小，呈不规则状形态，棱角状居多，硬度中等。

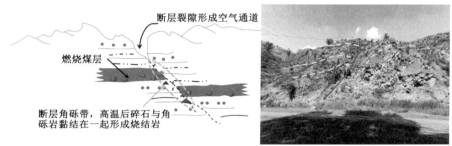

（a）成岩原理

（b）火烧岩断层角砾岩

（c）烧结岩

图 4-17　烧结岩成岩模式Ⅱ（断层-黏结式）

4.4.2　烧熔岩成岩模式

烧熔岩成岩模式可分为接触面烧熔和裂隙带烧熔两种，见图 4-18。

（1）模式Ⅰ：接触面烧熔

如图 4-18（a）所示，煤层燃烧时，接触火源的岩石受到大于 1 000 ℃ 温度的烧烤，大部分岩石呈熔融状态，冷却后形成烧熔岩，呈面状分布。由于该模式下的烧熔岩靠近煤灰层，因此常呈黑色、黑褐色［可见图 4-10（a）（e）（f）］。

（2）模式Ⅱ：裂隙带烧熔

如图 4-18(b)所示，燃烧煤层上部岩体节理、裂隙非常发育，加之高温作用，节理、裂隙扩张，并且形成破裂通道，煤层燃烧的火焰和温度沿破裂面通往地表，周围岩石受到温度大于 1 000 ℃的烧烤而被烧熔，冷凝后形成烧熔岩，沿裂隙破裂周围呈脉状分布。由于烧熔通道远离煤层，不与煤灰接触，因此该模式下的烧熔岩常呈深红色、砖红色[可见图 4-10(b)(d)]。

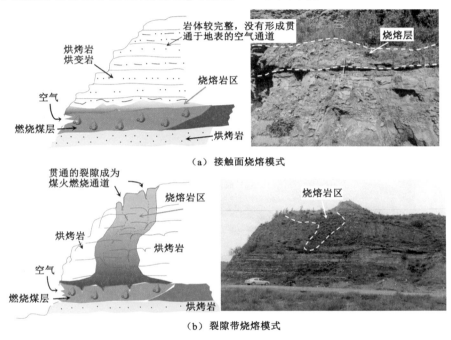

图 4-18　烧熔岩形成模式

4.5　本章小结

（1）基于声发射热 Kaiser 效应，通过声发射能量，提出识别火烧岩烧变温度的方法。第①层岩样经历的最高温度为 154 ℃，第②层岩样经历的最高温度为 169 ℃，第③层岩样经历的最高温度为 190 ℃，第④层岩样经历的最高温度为 372 ℃，第⑤层岩样经历的最高温度为 638 ℃。

（2）根据火烧岩颜色特征、成分变化率、距火源距离以及受热温度等，将火烧岩分为烘烤岩、烘变岩、烧结岩和烧熔岩四类。烘烤岩所受煤层燃烧温度小于300 ℃,主要为浅色系砖黄色,具有层状构造;烘变岩所受温度为300～1 000 ℃,颜色以褐红色、砖红色为主,具有板状、层状构造;烧结岩、烧熔岩所受温度高于1 000 ℃,颜色多呈深红色、黑红色、杂色等,具有角砾状、流纹状、气孔状构造。

　　(3)据宏观观察和微米、纳米级别的镜下观测,对研究区内烧结岩和烧熔岩成岩模式进行了分析,将烧结岩主要划分为垮落-黏结式和断层-黏结式两种成岩模式,烧熔岩主要划分为接触面烧熔和裂隙带烧熔两种成岩模式。

5 典型火烧岩物理力学特性

  本章通过开展典型火烧岩的物理力学试验,在研究色度、密度、磁化率、导热系数等物理参数随烧变温度的响应规律的基础上,探讨不同烧变程度的烧变岩孔隙结构和渗透率特征,分析火烧岩抗拉强度和抗压强度特征,揭示火烧岩岩石结构特征和工程性质。

5.1 采样剖面特征

  本次研究在火烧岩发育区选取一典型剖面,该剖面位于店红路柠条塔-张家峁段,神木市考考乌素沟北侧,如图 5-1 所示。该位置属于宽浅河谷地貌与沙盖黄土梁峁地貌,相对高差 50~70 m,河谷水流侵蚀作用较弱,河道及阶地宽度 50~100 m,形态呈 U 形。黄土梁峁地势浑圆平缓,沟壑、沟谷纵横交错,切割深度 10~20 m。黄土覆盖层较薄,厚度 0.5~1 m。

  该段剖面出露一套较完整的火烧岩(坐标:110.347101E,39.063785N),从上至下总体上为原岩—火烧岩—原岩,如图 5-2 所示。上部为浅灰色、深灰色中粒长石砂岩,岩石未受烧变影响,主要成分为长石、石英,含有少量云母,层理中可见较多的炭屑,泥质胶结,强度较低,属次硬质岩,中等风化,岩体的完整性一般,未见泥裂等原生节理,次生节理发育程度一般,节理密度 2~3 条/m,张开度 1~3 mm。中部为火烧岩,主要为烘烤岩,层理比较清晰,以褐红色、砖红色为主,细粒,主要成分为石英,层理间可见植物化石,胶结程度较好,强度中等,中等风化,岩体破碎,次生节理、裂隙比较发育,节理密度 6~20 条/m,张开度 3~15 mm;靠近底层煤灰上部和局部出露烧熔岩,褐红色、深褐色、砖红色等杂色,胶结程度高,强度高,不易风化,可见大量的气孔构造。下部为原岩,岩性灰色、灰白色细砂岩,中层状构造,主要成分为长石、石英,含有少量云母,泥质胶结,强度较高,属硬质岩,岩体完整较好,次生节理发育程度一般,以倾向节理为

图 5-1　店红路剖面(柠条塔—张家峁段)地形地貌(镜向 240°)

主,节理密度 1~3 条/m,节理张开度 1~3 mm。

在此条剖面上,根据层位、颜色和岩性的特征将其分为 8 层,每层各采 1 组样品(见图 5-3)。各采样层位与岩性表观特征如下:

图 5-2　张家峁剖面(镜向 0°)

采样层①,灰色、灰黑色中层状中砂岩和薄层状细砂岩互层,岩石未受烧变影响,主要成分为长石、石英,含有少量云母,层理中可见较多的炭屑。砂岩为泥质胶结,强度较低,属次硬质岩。岩体的完整性较好,未见泥裂等原生节理,由于附近有一处小型褶皱,所以次生节理主要是构造节理,但发育程度一般,以斜向节理为主,节理密度 2～3 条/m,节理张开度 3 mm 左右。

采样层②,岩性为细砂岩,呈灰紫色,主要成分为长石、石英,含有少量云母。中层状构造,受到轻微的烧变作用,岩石保持原生沉积特征,层理清晰,结构、构造基本保持不变,泥质胶结,强度较低,属次硬质岩。岩体基本完整,原生节理迹象较少,由风化引起的非构造次生节理较发育,以倾向节理为主,节理密度2～3条/m,节理张开度 3～5 mm。

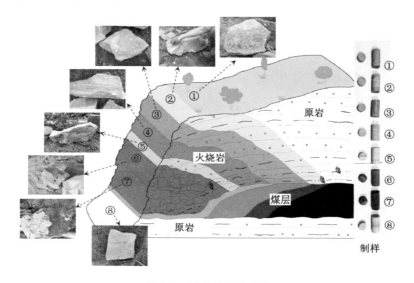

图 5-3 采样层位示意图

采样层③,岩石有轻微的烧变迹象,呈现出紫红色,粒度较细,无矿物达到熔点,岩石基本保持其原生沉积特征。岩性主要为中砂岩,主要成分为长石、石英,含有大量云母。岩层层理清晰,结构、构造基本保持不变,泥质胶结,强度低,属低硬质岩,断口较尖利。岩体的完整性较差,未见泥裂等原生节理,非构造次生节理较发育,以倾向节理和顺层节理为主,局部可见斜向节理。节理面交错较复杂,节理密度 6～10 条/m,节理张开度 4～6 mm。

采样层④,比较靠近煤层燃烧区,其围岩发生了较轻微的烘烤作用,烧变迹象较为明显,新鲜面呈砖红色,粒度较均一。原岩可以分辨出为中砂岩,主要成分为长石、石英,含有少量云母。岩层层理比较清晰,结构、构造基本保持不变,局部可以看出有流变特征。岩石硬度较好,属低硬质脆性岩石,断口较尖利。岩体破碎程度较高,完整性差,原生节理不明显,次生节理、裂隙较发育,以倾向节理、顺层节理为主，走向节理和斜向节理局部有分布，节理密度约 7～13 条/m，节理张开度 5～9 mm。

采样层⑤，比较靠近煤层燃烧区，烧变迹象较明显，局部有轻微塑变，但仍可分辨出原岩岩性以细砂岩为主。由于原岩中铁矿物含量非常少，烧变后岩石新鲜面呈灰黄色，并且由于部分矿物熔化，使岩层中含有大量棕色矿物条纹，平行于层理面分布。该层厚度较薄，采样处厚度 1.0～1.2 m，岩层层理比较清晰，岩石的粒度、结构、构造略有改变。岩石硬度较高，属中硬质脆性岩。岩体完整性较好，岩体中未发现明显的泥裂等原生节理，次生节理、裂隙发育程度一般，倾向节理为主，走向节理次之，局部可见交错分布的节理，节理密度 5～7 条/m，节理张开度 4～8 mm。

采样层⑥，围岩比较靠近燃烧煤层，烧变迹象明显，显示出深红色。原岩中有机质消失形成新的孔隙，熔点低的矿物发生熔化，局部可以观察到轻微塑变，岩石的原生沉积特征、结构、构造等发生较大的变化，物理力学、化学性质也发生改变。肉眼无法观察到矿物颗粒，气孔较多。岩石硬度较高，质地坚脆，断口棱角锋利。岩体原生节理不明显，次生节理、裂隙发育程度较高，裂隙中可观察到大量烧熔后冷凝的矿物，节理以垂直倾向节理为主，容易形成陡立微地貌，节理密度约 10～13 条/m，节理张开度 5～10 mm。

采样层⑦，围岩靠近燃烧煤层，烧变迹象明显，显示出暗红色。烘烤时原岩中有机质被烧失，水分烘干后形成较大的孔隙，大部分矿物发生熔化，可以观察到明显的塑变特征。岩石的原生沉积特征、结构、构造等发生较大的变化，层理不明显，物理力学、化学性质也发生改变。肉眼无法观察到矿物颗粒，岩石表面粗糙，长条形气孔较多。岩石硬度较高，密度变小，质量较轻，质地坚脆，断口棱角锋利。岩体的完整性较好，岩体原生节理不明显，次生节理、裂隙较发育，裂隙中可观察到大量烧熔后冷凝的矿物，节理交错分布，将岩体分割成不规则块状，容易形成陡立微地貌，节理密度约 15～20 条/m，节理张开度 6～15 mm。

采样层⑧，灰色、灰白色细砂岩，中层状构造，观察点处于煤灰层下方 1 m 处，岩石未受到温度的影响，保持原岩状态，主要成分为长石、石英，泥质胶结，强度较高，属硬质岩。岩体完整度较好，未发现原生节理，次生节理发育程度一般，以倾向节理为主，节理密度 1～2 条/m，张开度 1～3 mm。

5.2 物理特征

5.2.1 色度

色度可以定量反映火烧岩的颜色,作为反映煤层燃烧温度变化和岩石中矿物变化的替代指标[133],本次研究采用通用色差计[见图 5-4(a)]对样品色度进行测定[图 5-4(a)]。

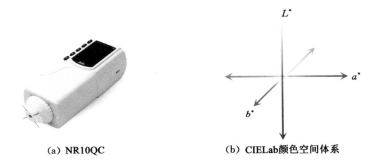

(a) NR10QC   (b) CIELab颜色空间体系

图 5-4 通用色差计

颜色用 L^*, a^*, b^* 三个参数来表示[图 5-4(b)]: L^* 为亮度轴, L^* 越大代表亮度越高; a^* 为红-绿轴,正值为偏红色,负值为偏绿色; b^* 为黄-蓝轴,正值为偏黄色,负值为偏蓝色。烧变岩与原岩之间的总色差用 ΔE 表示[134-135],计算公式:

$$\Delta E = \sqrt{(\Delta L^*)^2 + (\Delta a^*)^2 + (\Delta b^*)^2} \tag{5-1}$$

式中, ΔL^* 为样品相对于原岩亮度的变化差; Δa^* 为样品相对于原岩红绿色度的变化差; Δb^* 为样品相对于原岩黄蓝色度的变化差。

由图 5-5 可以看出,从①层至⑦层,原岩受到的温度越高,形成的烧变岩红色程度越来越明显,而采样层⑧位于燃烧煤层以下约 4 m 位置,未受温度的影响。

在 CIELab 颜色体系中,可以对火烧岩颜色进行准确的定量描述和分析[136]。由图 5-6(a)可以看出,样品的亮度值全部大于零,显示出偏白的亮色系特征。由图 5-6(b)可以看出,采样层⑧采集的样品是未经烧变作用的原岩岩样,其 $a^* = -0.21$, $b^* = 7.89$,是偏绿-偏黄色系;经烧变作用和受到较强烈风

图 5-5 岩样

化作用的其他 7 层岩石，全部分布在偏红-偏黄色系区域。

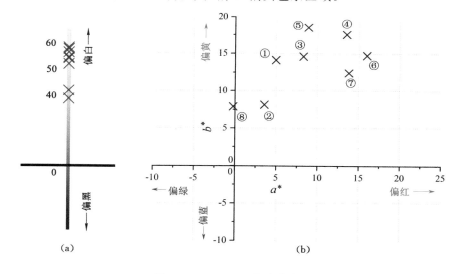

图 5-6 L^*-a^*-b^* 色度分布图

由图 5-7 中 L^* 曲线可以看出，未受煤炭燃烧高温影响的采样层⑧样品的亮度值 $L^*=60.18$，距燃烧煤层较近的采样层⑦⑥样品亮度值分别为 38.85 和 42.24，分别下降了 35.4% 和 29.8%。而距燃烧煤层较远的采样层⑤④③②①样品的亮度值分别为 59.57、58.13、53.35、55.69 和 56.09，集中在 56.6 左右，相对于采样层⑧的亮度值，仅下降了 6% 左右，变化不明显。这说明煤炭燃烧会使岩石的亮度稍变暗，而受温度影响大的变暗更明显。

由图 5-7 中红-绿色度曲线可以看出，采样层⑧样品的红-绿色度值 $a^*=-0.21$，显示出偏绿的特征，而采样层⑦⑥④样品的红-绿色度值分别为 13.80、

16.01 和 13.53，这说明岩样不仅从偏绿色系变为偏红色系，而且还上升了相当高的百分比，显示出明显的红色。采样层⑤样品红色色度值 $a^* = 8.88$，比距火源更远的采样层④样品红色组分少，且显示出更多的黄色色系。采样层③②①样品距火源更远，红色色度值分别为 8.29、3.57 和 4.94。总体来看，未受温度影响的岩样偏绿色系，而经过烧变作用或温度影响后的岩石显示出偏红色系，且总体上是距火源越近，红色越明显。

由图 5-7 中黄-蓝色度曲线可以看出，采样层⑧样品的黄-蓝色度值 $b^* = 7.89$，偏黄色系。而采样层⑦⑥⑤④③②①样品的黄-蓝色度值分别为 12.42、14.75、18.51、17.55、14.61、8.13、14.12，都比未受温度影响的岩石的黄色色度值高。总体上黄色色度值的变化比较均匀，且变化不明显。

由图 5-7 还可以看出总体颜色变化 ΔE 的变化趋势与红-绿色度 a^* 大致相同。从 ΔE 的计算式（5-1）可知，ΔE 与 L^*、a^* 和 b^* 的变化趋势有关。随着距燃烧煤层渐远，采样层⑦⑥⑤④③②① ΔE 的值分别为 24.83、23.87、12.79、15.40、11.30、5.03、7.63，总体上是随着受热影响的减小，总色差呈减小的趋势。

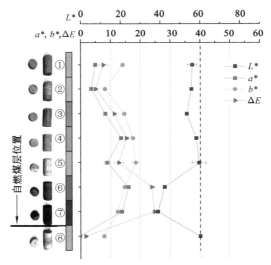

图 5-7 L^*、a^*、b^* 和 ΔE 变化曲线

从以上分析可知，ΔE 的变化趋势与红-绿色度 a^* 的变化相似，两者均随着烧变温度的升高而增加，并且在靠火源上部较近的层位时增加非常明显。L^* 的变化趋势与 ΔE 的变化趋势呈明显的镜像对称，距燃烧煤层较近的采样层⑥

⑦样品亮度 L^* 有明显下降,而 ΔE 值出现明显的上升,其余层变化不明显。黄-蓝色度 b^* 的变化不明显,只有采样层⑤样品显示出明显的黄色。

5.2.2 密度

密度可以反映火烧岩中矿物成分及其含量和孔隙度大小[137-139]。本次研究使用天平量筒法测样品的密度。由图 5-8 可以看出,采样层①未受烧变作用影响,但受风化作用较强烈,样品的密度为 2.158 g/cm³。采样层②受到轻微的烧变作用影响,样品的密度为 2.562 g/cm³。采样层③较采样层②更靠近煤层燃烧区,受到较轻微的烧变作用影响,密度为 2.299 g/cm³,比采样层②密度下降了 10.3%。采样层④样品的密度为 2.118 g/cm³,比采样层②下降了 17.3%。采样层⑤比较靠近煤层燃烧区,其样品密度为 2.209 g/cm³,虽然比采样层④稍高,但总体上是呈下降趋势。采样层⑥受到较明显的烧变作用影响,其密度为 1.935 g/cm³,比采样层②下降了 24.5%。采样层⑦受高温影响较大,有明显的烧变作用,其密度为 1.839 g/cm³,比采样层②下降了 28.2%。采样层⑧位于燃烧煤层下方,未受烧变作用影响,样品的密度较大,值为 2.431 g/cm³。

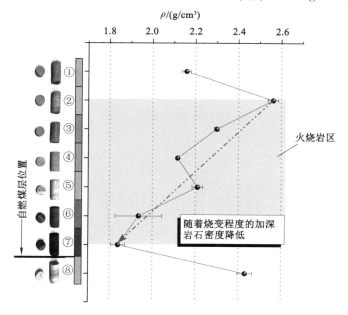

图 5-8　密度变化曲线

总体上来看,未受燃烧煤层高温作用影响的岩石密度相对较大,随着烧变程度的加深,岩石的密度有所下降。

5.2.3 孔隙结构

火烧岩的孔隙结构直接影响着岩石本身的物理力学性质[140-141]。本次研究应用核磁共振(NMR)方法对火烧岩试样进行了孔隙结构测试。岩石孔隙分为微孔隙、小孔隙、中孔隙和大孔隙 4 种类型[142],孔隙半径参考表 5-1。

表 5-1　煤岩体孔隙分类

孔隙类型	孔隙半径 $r/\mu m$
微孔隙	$r \leqslant 0.01$
小孔隙	$0.01 < r \leqslant 0.1$
中孔隙	$0.1 < r \leqslant 1.00$
大孔隙	$r > 1.00$

（1）孔隙分布特征

从图 5-9(a)可以看出,采样层①样品 NMR 曲线呈现出明显的双峰大孔型特征,表明孔隙发育良好,主体孔隙结构较好,砂岩粒度均匀性一般,分选性较差,而且峰的连续性较好,说明试样中孔隙之间的连通性很好[143]。主峰孔径位于 $0.1 \sim 1.00\ \mu m$ 范围内,试样以中孔隙为主,其占孔隙体积比例为 43%,小孔隙占孔隙体积比为 24%,大孔隙占孔隙体积的 32%,表明岩体中存在较多的主体孔隙和裂隙。

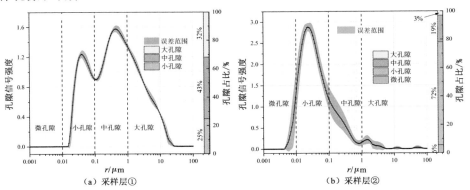

（a）采样层①　　　　　（b）采样层②

图 5-9　孔隙分布

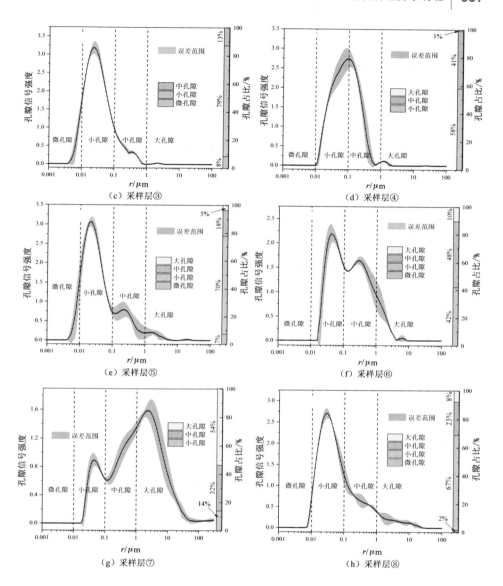

图 5-9(续)

从图 5-9(b)可以看出,采样层②样品(原岩以细砂岩为主)NMR 曲线以单峰为主,为单峰小孔型特征,孔径类型较单一,岩石粒度相对均匀,分选性较好,泥质含量较低,岩体较均一。NMR 曲线次峰不明显,左峰明显高于右峰,表明小孔隙信号强，岩石主体孔隙结构差。波型连续性较好，表明试样中各孔隙之间的连通性较好[143]。主峰孔径位于 $0.01 \sim 0.1$ μm 范围内，说明试样以小孔隙为主，其占孔隙体积比例为 72%。微孔隙占孔隙体积比为 6%，中孔隙占孔隙体积的 19%。大孔隙所占比例只有 3%，波峰很小，表明主体孔隙结构不发育，而且波峰孤立，表明裂隙之间没有贯通。

从图 5-9(c)可以看出，采样层③样品(原岩以中砂岩为主)NMR 曲线以单峰为主，为单峰小孔型特征，孔径类型较单一，岩体较均一，岩石粒度相对均匀，分选性较好，泥质含量低。NMR 曲线次峰不明显，左峰明显高于右峰，表明小孔隙信号强，岩石主体孔隙结构差。波型连续性较好，表明试样中各孔隙之间的连通性较好[143]。主峰孔径为 $0.01 \sim 0.1$ μm，说明试样中的孔隙以小孔隙为主，占孔隙体积比例为 79%。微孔隙占孔隙体积比为 8%，中孔隙占孔隙体积的 13%。几乎没有测试出大孔隙，无裂隙。

从图 5-9(d)可以看出，采样层④样品(原岩以中砂岩为主)NMR 曲线以单峰为主，为单峰小孔型特征，孔径类型较单一，岩体较均一。砂岩粒度相对均匀，分选性较好，泥质含量较低。NMR 曲线次峰不明显，左峰明显高于右峰，表明小孔隙信号强，岩石主体孔隙结构差。波型连续性较差，表明试样中孔隙和大孔隙之间的连通性较差[144]。主峰孔径为 $0.01 \sim 0.1$ μm，接近 0.1 μm 位置，说明试样中的孔隙以小孔隙为主(占孔隙体积比例为 58%)，中孔隙比较发育(占孔隙体积比例为 41%)，大孔隙所占比例非常小(占孔隙体积比例为 1%)。没有检测出微孔隙信号，表明岩体均一，无裂隙。

从图 5-9(e)可以看出，采样层⑤样品(原岩以中砂岩为主)NMR 曲线呈现出不明显的连续三峰特点，砂岩粒度均匀性较差，分选性差。曲线主峰突出，次峰不明显，为三峰小孔型特征，次峰不明显，左峰明显高于右两峰，表明小孔隙信号强，岩石主体孔隙结构差，连续性较好，孔隙之间的连通性较好[143]。主峰孔径位于 $0.01 \sim 0.1$ μm 范围内，说明试样中的孔隙以小孔隙为主，其占孔隙体积比例为 70%，微孔隙占孔隙体积比例为 7%，中孔隙所占孔隙体积比为 18%，而大孔隙所占比例只有 5%，主体孔隙结构不发育，裂隙仍然较少，没有贯通性裂隙。

从图 5-9(f)可以看出，采样层⑥样品(原岩特征不明显)NMR 曲线呈现出明显的双峰小孔型特征，表明孔隙发育一般，主体孔隙结构发育程度一般，砂岩粒度均匀性一般，分选性较差，连续性较好，表明试样小孔和中孔隙发育较好，且连通性好[145]。第三峰是大孔隙峰，不明显，且与前两峰分离，表明大孔隙与中孔、小孔之间的连通性较差[146]。主峰孔径位于 $0.01 \sim 0.1$ μm 范围内，说明试样中的孔隙以小孔隙为主,其占孔隙体积比例为 42%,中孔隙所占孔隙体积比为 48%,大孔隙所占比例比较小(10%),中微孔隙没有检测信号,表明总体孔隙尺寸较大。

从图 5-9(g)可以看出,采样层⑦样品(原岩特征不明显)NMR 曲线呈现出明显的双峰大孔型特征,主体孔隙结构发育程度较好,砂岩粒度均匀性一般,分选性较差,连续性较好,表明试样中小孔、中孔和大孔隙发育较好,且连通性很好[147]。主峰孔径位置在大于 1 μm 范围外,说明试样中的孔隙以大孔隙为主,其占孔隙体积比例为 54%。大于 100 μm 的范围也检测出信号,说明裂隙级别的孔隙也非常多,且连通性较好。中孔隙所占孔隙体积比为 32%,小孔隙所占孔隙体积比为 14%,表明岩体主体孔隙结构发育强烈,且孔隙类型较复杂。没有检测出微孔隙,说明样品孔隙尺寸整体上偏大。

从图 5-9(h)可以看出,采样层⑧样品 NMR 曲线以单峰为主,为单峰小孔型特征,孔径类型较单一,砂岩粒度相对均匀,分选性较好,泥质含量较低,岩体较均一。次峰和第三峰都不明显,且连续性较好,表明试样中孔隙之间的连通性较好,主体孔隙结构发育差[148]。主峰孔径位于 0.01~0.1 μm 范围内,这说明试样中的孔隙以小孔隙为主,其占孔隙体积比例为 67%。中孔隙所占孔隙体积比为 23%,微孔隙所占孔隙体积比为 2%,大孔隙所占孔隙体积比为 8%,表明岩体主体孔隙结构发育一般,裂隙较少。

(2)有效孔隙特征

总孔隙度(φ)越大,说明岩石中孔隙空间越多,但是不能说明流体是否能在其中流动[149]。从实际角度出发,只有那些彼此连通的孔隙才是有效的通气、通水和储集空间。因为它们不仅能储存流体,而且可以允许储集在其中的流体流出,或者向其注入作为储备[150]。因此在生产实践中,有效孔隙度(φ_e)是指那些互相连通的,在一般压力条件下,允许流体在其中流动的孔隙体积之和与岩样总体积的比值,以百分数表示[151]。NMR 技术中的一项非常重要的参数——T_2 截止值($T_{2cutoff}$),便是可动流体与束缚流体的分界线。

T_2 谱反映岩石的孔径分布,$T_{2cutoff}$ 将 T_2 谱分为两部分,小于 $T_{2cutoff}$ 的 T_2 谱反映束缚水孔隙,束缚水的主要形式是微小孔隙中形成毛细束缚水和矿物表面的吸附水;而大于 $T_{2cutoff}$ 的 T_2 谱反映可动流体孔隙,可流动的自由水主要存在于岩体中可动流体孔隙内。借助参数 $T_{2cutoff}$ 能够基本量化有效孔隙,从而对岩石的渗透性和岩石气液的储集物理特性进行解释、评价、分析[152]。

本次研究区研究目标层位的岩性以砂岩为主,因此选取"半幅点"法来确定 T_2 截止值就可以满足误差要求[153]。T_2 分布曲线呈单峰,当主峰的横向弛豫时

间 T_2 小于 10 ms 时(换算为半径是 $r=0.289$ μm),$T_{2cutoff}$ 可取为主峰的"右半幅点"附近;当主峰大于 10 ms 时($r=0.289$ μm),$T_{2cutoff}$ 可取为主峰的"左半幅点"附近。对于双峰型的 T_2 谱图,$T_{2cutoff}$ 分布在双峰交汇处的凹点处。各采样层样品的 $T_{2cutoff}$ 变化规律如图 5-10 所示。

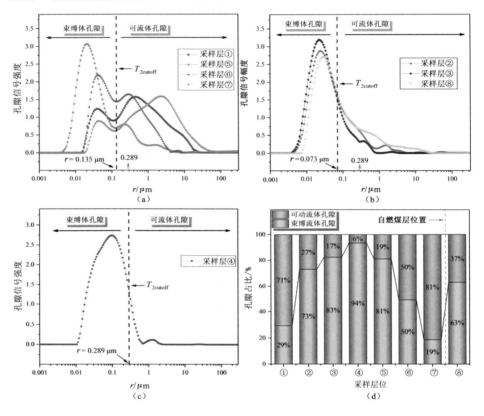

图 5-10 $T_{2cutoff}$ 变化规律

采样层①⑤⑥⑦样品的 NMR 谱以双峰为主,因此其 $T_{2cutoff}$ 分布在双峰交汇处的凹点处。由图 5-10(a)可知,双峰为主的样品其 $T_{2cutoff}$ 均分布在 $r=0.135$ μm 处,表明样品中孔隙半径小于 0.135 μm 的孔隙为束缚流体孔隙,孔隙半径大于 0.135 μm 的孔隙为可动流体孔隙,也就是有效孔隙。由图 5-10(d)可以看出,采样层①样品的有效孔隙占总孔隙的 71%,采样层⑤样品的有效孔隙占总孔隙的 19%,采样层⑥样品的有效孔隙占总孔隙的 50%,采样层⑦样品的有效孔隙占总孔隙的 81%。

采样层②③④⑧样品的 NMR 谱均以单峰为主,而且主峰均小于 0.289 μm,因此其 $T_{2cutoff}$ 分布在主峰"右半幅点"附近。由图 5-10(b)可知,采样层②③⑧样品波峰的主峰非常相似,"右半幅点"均分布在 $r = 0.073$ μm 处,表明样品中孔隙半径小于 0.073 μm 的孔隙为束缚流体孔隙,孔隙半径大于 0.073 μm 的孔隙为可动流体孔隙,也就是有效孔隙。由图 5-10(c)可知,采样层④样品的"右半幅点"分布在 $r = 0.289$ μm 处,表明样品中孔隙半径小于 0.289 μm 的孔隙为束缚流体孔隙,孔隙半径大于 0.289 μm 的孔隙为可动流体孔隙,也就是有效孔隙。由图 5-10(d)可以看出,采样层②样品的有效孔隙占总孔隙的 27%,采样层③样品的有效孔隙占总孔隙的 17%,采样层④样品的有效孔隙占总孔隙的 6%,采样层⑧样品的有效孔隙占总孔隙的 37%。

利用 NMR 测得的岩石的孔隙度,再根据 $T_{2cutoff}$ [图 5-10(d)]求得岩样的有效孔隙度,结果见表 5-2 和图 5-11。一般情况下,有效孔隙度小于 5% 可视为没有实际应用价值,有效孔隙度介于 5%~10% 的岩体其孔隙实际应用价值一般,而大多数砂岩的有效孔隙度都在 10%~15%,属于正常有效孔隙度,有效孔隙度大于 15%,则其实际应用价值属于较好级别[154]。

表 5-2 NMR 孔隙度表

采样层位	①	②	③	④	⑤	⑥	⑦	⑧
总孔隙度(φ)/%	16.6	4.3	14.7	19.3	6.8	14.4	22.7	10.4
有效孔隙度(φ_e)/%	11.7	1.2	2.5	1.2	1.3	7.3	18.5	3.9

由图 5-11 可见,从总孔隙度角度分析,采样层②⑤样品的总孔隙度(φ)较低,分别为 4.3% 和 6.8%,其有效孔隙度(φ_e)在总孔隙度中的占比也很小,分别为 1.2% 和 1.3%;其他几个采样层样品的总孔隙度比较高,但它们的有效孔隙度并不是都达到可利用级别。由图 5-11(b)可以看出,采样层①的有效孔隙度为 11.7%,采样层⑥的有效孔隙度为 7.3%,采样层⑦的有效孔隙度为 18.5%,只有它们达到了可利用级别。分析认为,采样层①位于岩层上部,粒度较粗,有效孔隙度较高;而采样层⑥⑦由于靠近煤层燃烧位置,受烧变影响较大,其有效孔隙度也高。

(3)孔隙结构的分形维数

分形维数(D)可表征孔隙间的连通性和孔隙结构的复杂程度,通过累计孔隙比的对数($\lg V$)和孔径对数($\lg r$)的变化趋势进行拟合[155],进而计算孔隙的分形维数 D。公式如下:

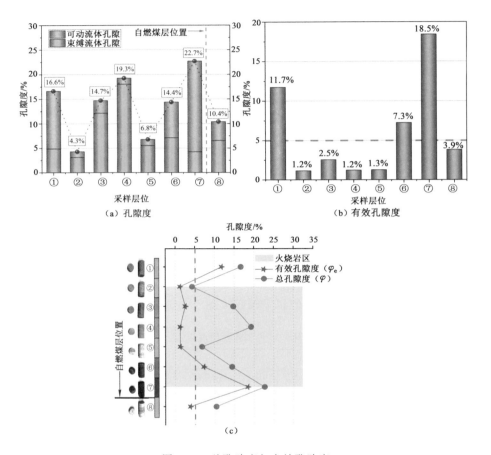

图 5-11　总孔隙度与有效孔隙度

$$\lg V = (3 - D)\lg r + (D - 3)\lg r_{\max} \tag{5-2}$$

式中，V 为烧变岩累计孔隙比例，%；r 为孔隙半径，μm；$r_{\max}$ 为最大孔隙半径，μm；D 为分形维数。

由式(5-2)可知，V 和 r 在双对数坐标上呈直线关系，可用回归拟合的方法来计算岩石孔隙结构的分形维数 D。

图 5-12 为各层位岩石样品孔隙结构分形维数计算结果图，显示了 $\lg V$ 与 $\lg r$ 的线性拟合相关性。不同类型孔径的相关系数回归直线出现明显的转折点，转折点为小孔径、中孔径、大孔径分界点。三段回归直线计算出的分形维数数值越小，其对应的孔隙结构越均匀，连通性越好[155]。因此可用分形维数来表

征岩石样品孔隙结构的复杂程度,反映不同烧变程度火烧岩的粒度分布特征。

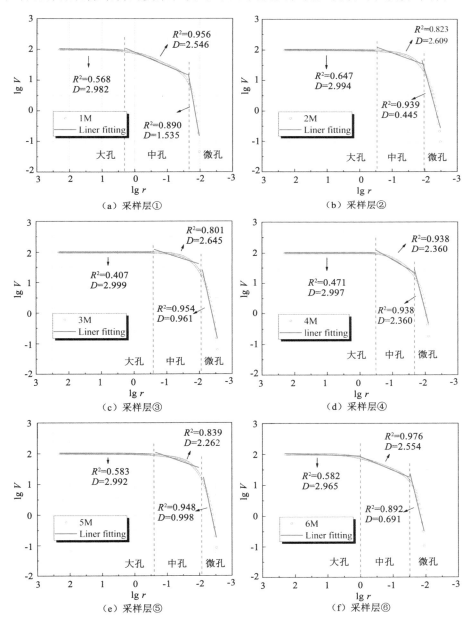

图 5-12 孔隙结构分形维数

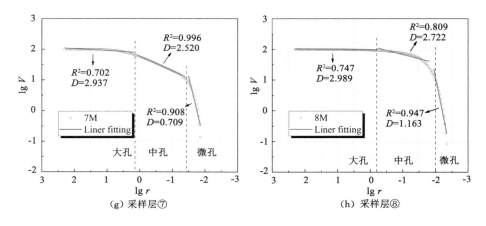

（g）采样层⑦　　　　　　　（h）采样层⑧

图 5-12（续）

　　由图 5-12 可以看出，本组岩样具有很强的分形特征。微孔隙（$r<0.1$ mm）的分形维数在 $0.4\sim1.2$ 之间，大孔隙（$r>1.0$ mm）的分形维数在 2.9 左右。微孔隙分形维数均比大孔隙分形维数小，说明微孔隙的均匀程度和孔隙结构的整体性要比大孔隙好。其中采样层⑥和⑦样品微孔的分形维数相对于其他火烧岩较小，说明这两类火烧岩的微孔隙均匀程度整体性较好，粒度均匀。

　　各层岩样孔隙结构分形维数统计数值见表 5-3，绘制各层位烧变岩孔隙结构斜率分段图（图 5-13）和分形维数（图 5-14）变化图。

表 5-3　各层岩石样品孔隙结构分形维数表

采样层位	样品编号	氡速率 $[\times10^{-3}$ Bq/(m^3·g·h)]	斜率			分形维数		
			k_1	k_2	k_3	D_1	D_2	D_3
①	1M	5.314 933	0.018 3	0.045 5	6.070 1	2.981 7	2.954 5	1.535 05
②	2M	2.846 892	0.005 6	0.391 3	3.889 3	2.994 4	2.608 7	0.444 65
③	3M	3.856 297	0.000 7	0.355 0	4.921 0	2.999 3	2.645 0	0.960 50
④	4M	2.799 793	0.002 7	0.640 3	4.185 0	2.997 3	2.359 7	0.592 50
⑤	5M	2.464 847	0.008 1	0.374 4	4.997 5	2.991 9	2.625 6	0.998 75
⑥	6M	1.152 221	0.034 8	0.445 5	4.382 8	2.965 2	2.554 5	0.691 40
⑦	7M	0.558 657	0.063 4	0.479 8	4.418 5	2.936 6	2.520 2	0.709 25
⑧	8M	3.055 379	0.010 7	0.278 1	5.325 5	2.989 3	2.721 9	1.162 75

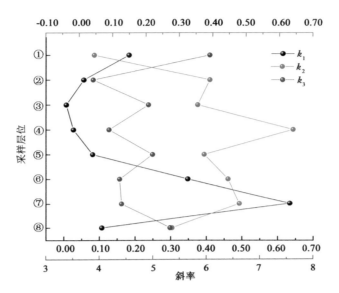

图 5-13　孔隙结构的拟合斜率分段图

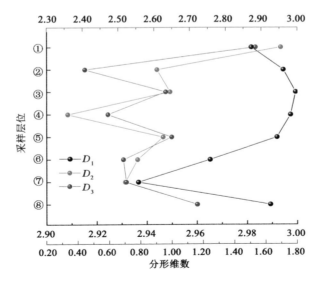

图 5-14　孔隙结构分形维数分段图

从图 5-13 可以看出，从采样层⑤开始，随着烧变程度的加深，氡释放速率发生明显的变化。由图 5-14 看出，各层位岩石孔隙结构的分形维数均在 1.0～3.0，说明样品中各类型孔隙分形结构特征较明显，且火烧岩的分形维数呈先增大后减小的趋势。采样层③样品孔隙结构的分形维数最大，表明该层火烧岩样品的孔隙结构最复杂。采样层⑤～⑦样品孔隙结构的分形维数下降速率最明显，表明在采样层③～⑦之间随着烧变程度增强，孔隙分布更加均匀，孔隙间的连通性更好。

5.2.4 渗透率

渗透率可以表征火烧岩内部孔隙运移通道和储存空间情况[156]。本研究采用 HKY-300 型岩石气体孔隙度渗透率自动测定仪［图 5-15(a)］对试样进行渗透率测试，样品为 $\phi25$ mm×50 mm 规格的小圆柱，渗流方向与层理面夹角为 θ［图 5-15(b)］。

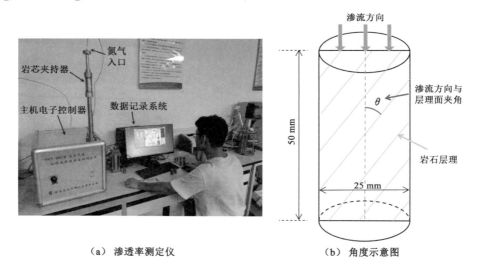

（a）渗透率测定仪　　　　　（b）角度示意图

图 5-15　渗透率测试仪器与试样

测试前将样品放入干燥箱，在 40 ℃下干燥 12 h，待冷却后存放于干燥箱，测试压差设计为 100 kPa、200 kPa、300 kPa、400 kPa、500 kPa。样品渗透率测试结果如表 5-4 和图 5-16 所示。

表 5-4 渗透率测试结果 单位:md

采样层位	$\theta/(°)$	压差/kPa					平均值
		100	200	300	400	500	
①	70	3.213	6.979	7.728	8.401	9.952	9.148
	60	2.890	5.629	6.512	6.910	7.531	
	30	13.446	14.186	14.415	14.411	15.017	
④	50	2.977	1.520	2.388	2.669	2.787	2.239
	30	3.402	1.412	2.476	2.738	2.852	
	10	3.440	1.622	2.491	2.775	2.864	
	0	1.907	0.929	0.893	1.251	1.406	
⑤	70	0.081	0.112	0.090	0.097	0.097	0.419
	30	0.424	0.386	0.359	0.364	0.302	
	0	0.966	0.854	0.788	0.709	0.662	
⑥	90	0.262	0.348	0.291	0.298	0.321	10.474
	80	11.743	11.541	9.925	8.707	7.766	
	0	18.750	21.516	24.979	20.403	20.263	
⑦	90	1.279	1.306	0.459	0.803	1.015	13.625
	80	13.711	12.563	10.866	9.584	8.812	
	50	20.949	19.153	16.123	14.052	12.663	
	0	30.332	28.264	25.692	23.397	21.491	
⑧	—	0.332	0.498	0.518	0.564	0.572	0.497

如图 5-16(a)所示,首先设置渗透压力为 100 kPa,当渗流方向与岩样层理夹角(θ)为 30°时,岩石的渗透率 $k=13.446$ md;当 $\theta=60°$ 时,$k=2.890$ md,当 $\theta=70°$ 时,$k=3.213$ md。随着渗透压力增大到 500 kPa,θ 为 30°、60°、70°岩样的渗透率分别增加到 15.017 md、7.531 md 和 9.952 md,分别增加了 11.7%、160.6% 和 209.7%。由此我们可以看出,当渗流方向与岩样层理夹角比较大时(θ 为 60°、70°),在一定进气压范围内(100~500 kPa)渗透率值比较小,且随着渗透压力的增大有较高幅度的升高;而渗透方向与层理夹角比较小时(θ 为 30°),渗透率值比较大,且渗透压力对渗透率的影响不明显。总体上,采样层①样品渗透率随着渗透压力的升高呈上升趋势。

如图 5-16(b)所示,设置渗透压力为 100 kPa,当渗流方向与岩样层理夹角

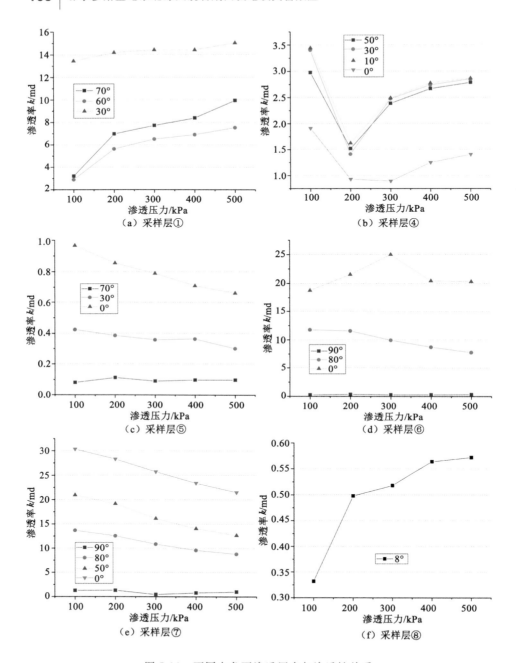

图 5-16 不同夹角下渗透压力与渗透性关系

（θ）为 10°时,岩石的渗透率 $k=3.440$ md;当 θ=30°时,$k=3.402$ md;当 θ=50°时,$k=2.977$ md。当渗透压力增大到 200 kPa 时,岩样的渗透率下降得非常明显,θ 为 10°、30°和 50°的渗透率分别下降到 1.622 md、1.412 md 和 1.520 md,分别下降了 52.8%、58.5%和 48.9%。随着渗透压力的继续增大,渗透率值又出现明显的上升,渗透压力增至 300 kPa 时,岩样的渗透率分别增至 2.491 md（θ=10°）、2.476 md（θ=30°）和 2.388 md（θ=50°）,分别增加了 53.6%、75.4%和 57.1%;当渗透压力增至 500 kPa 时,岩样的渗透率分别为 2.864 md、2.852 md 和 2.787 md。总体上,当渗透方向与岩样层理存在一定夹角时,渗透率值非常接近,且在 200 kPa 之前对压力响应非常敏感,在 200 kPa 之后渗透率不会随着压力的变化有明显的反应。这三种角度的样品渗透率值与其变化规律非常相似,但是当渗流方向与岩样层理夹角（θ）为 0°时,岩石的渗透率值有所不同。渗透压力为 100 kPa 时,渗透率 $k=1.907$ md,相对于渗透方向与层理有夹角的情况下,其渗透率反而很低。随着渗透压力增加至 200 kPa,渗透率值降低至 0.929 md,下降了 51.3%,然后随着压力的增加渗透率有所增加,但变化幅度不大。由此我们可以看出,采样层④的渗透率在渗透压力大于 200 kPa 时会随着压力的上升有所增加,但相对于 100 kPa,渗透率总体上下降了。

　　如图 5-16(c)所示,当渗透压力为 100 kPa 时,渗透方向与岩样层理夹角（θ）为 0°的岩样渗透率 $k=0.966$ md,随着渗透压力的增加,渗透率反而有缓慢降低的趋势;当渗透压力上升至 500 kPa 时,$k=0.662$ md,下降了 31.4%。当渗透方向与岩样层理存在一定的角度时,渗透率对压力变化的响应非常小,几乎没有变化。在渗透压力 100 kPa 条件下,θ=30°时 $k=0.424$ md,θ=70°时 $k=0.081$ md,可见随着渗透压力的增加,渗透率变化很小。压力上升至 500 kPa 时,θ 为 30°和 70°的渗透率分别为 0.302 md 和 0.097 md,变化幅度分别为 28.7%和 19.7%。总体上可以看出,渗透压力对采样层⑤样品的影响很小。

　　如图 5-16(d)所示,当渗透压力为 100 kPa 时,渗透方向与岩样层理夹角（θ）为 0°的岩样渗透率 $k=18.75$ md;当渗透压力增至 300 kPa 时,渗透率出现了该层的最高值 $k=24.979$ md,上升了 33.2%,随后随着压力的增强,渗透率略有下降。当渗透方向与岩样层理夹角 θ=80°时,在 100 kPa 下,$k=11.743$ md,随着渗透压力的升高,渗透率反而略有下降;当渗透压力增大到 500 kPa 时,岩样的渗透率降至 7.766 md,下降了 33.9%。当渗透方向与岩样层理夹角 θ=90°时,测得的渗透率值比较小,100 kPa,$k=0.262$ md;随着渗透压力的升高,渗透率变化不明显,当渗透压力增大到 500 kPa 时,岩样的渗透率为 0.321 md,仅上升了 22.5%。由此我们可以看出,当渗流方向与岩样层理夹角为 90°时,岩石的渗透率非常小,渗透压力没有对渗透率产生较明显的影响。

如图 5-16(e)所示,当渗透压力为 100 kPa 时,渗透方向与岩样层理夹角(θ)为 0°的岩样的渗透率 $k=30.332$ md;随着渗透压力的增加,渗透率有降低的趋势,当渗透压力上升至 500 kPa 时,$k=21.491$ md,下降了 29.1%。$\theta=50°$时,在 100 kPa 下,$k=20.949$ md,渗透率随着压力的升高有下降的趋势,500 kPa 时,$k=12.663$ md,下降了 39.6%。$\theta=80°$时,在 100 kPa 下,$k=13.711$ md,渗透率随着压力的升高有下降的趋势;500 kPa 时,$k=8.812$ md,下降了 35.7%。$\theta=90°$时,在 100 kPa 下,$k=1.279$ md,渗透率随着压力的升高有下降的趋势;500 kPa 时,$k=1.015$ md,下降了 20.6%。总体上可以看出,采样层⑦样品渗透率会随着渗透压力的升高呈下降趋势。

采样层⑧样品的层理不明显,无法测量出角度,如图 5-16(f)所示。渗透压力为 100 kPa 时,岩样的渗透率 $k=0.332$ md;随着渗透压力的增加,渗透率增加的趋势比较明显,当渗透压力上升至 200 kPa 时,$k=0.498$ md,上升了 50%。随着渗透压力的继续升高,渗透率增加的幅度略有变缓,当渗透压力上升至 500 kPa 时,渗透率 $k=0.572$ md,相对于 200 kPa 下的渗透率上升了 14.9%。总体上可以看出,该层岩石的渗透率会随着渗透压力的升高呈上升趋势。

由以上的分析我们可以看出,未经烧变影响的采样层①⑧的渗透率随渗透压力的上升呈增加的趋势,而受煤层燃烧高温影响的岩石,如采样层④⑤⑥⑦的渗透率会随着渗透压力的升高呈下降趋势。

渗流方向与岩石层理夹角不同对岩石渗透性也有一定的影响[157],从试验中选出影响较明显的采样层①⑤⑥⑦进行分析,它们岩样的渗透率值如表 5-5 和图 5-17 所示。

表 5-5　渗透夹角与渗透率的关系

渗流方向与层理夹角 θ /(°)	不同层位样品的渗透率值 k/md			
	采样层①	采样层⑤	采样层⑥	采样层⑦
0	—	0.796	21.182	24.711
10				
30	14.295	0.367	—	—
50	—			15.498
60	5.894			

表 5-5（续）

渗流方向与层理夹角 θ /（°）	不同层位样品的渗透率值 k/md			
	采样层①	采样层⑤	采样层⑥	采样层⑦
70	7.254	0.095	—	10.456
80	—	—	9.485	—
90	—	—	0.315	0.895

由图 5-17（a）可以看出，采样层①岩样在渗透方向与岩石层理面的夹角（θ）为 30°时，其渗透率值 $k=14.295$ md。当渗透方向与岩石层理面的夹角（θ）为 60°时，渗透率值下降较多，测试值为 5.894 md，下降了 58.8%。而 $\theta=70$°时，渗

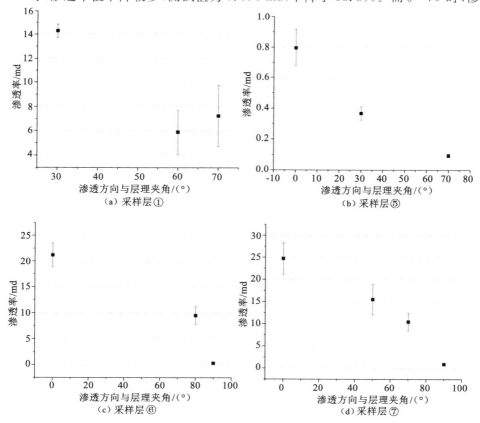

（a）采样层①　（b）采样层⑤　（c）采样层⑥　（d）采样层⑦

图 5-17　层理夹角与渗透率

透率值 $k=7.254$ md，相对于 $\theta=60°$ 的岩样渗透率有所增加。总体上，岩石的渗透率是随着渗透方向与岩石层理面夹角的增大而减小。

由图 5-17（b）可以看出，采样层⑤岩样在渗透方向与岩石层理面的夹角（θ）为 0° 时，其渗透率值 $k=0.796$ md。当渗透方向与岩石层理面的夹角增大至 30° 时，岩石渗透率下降至 0.367 md，降低了 53.9%。当渗透方向与岩石层理面的夹角再次增大至 70° 时，岩石渗透率降低至非常小（$k=0.095$ md），相对于 $\theta=30°$ 的渗透率，又降低了 74.1%。总体上，随着渗透方向与岩石层理面夹角的增大，该层岩石的渗透率呈减小的趋势。

由图 5-17（c）可以看出，采样层⑥岩样在渗透方向与岩石层理面的夹角（θ）为 0° 时，其渗透率值 $k=21.182$ md。当渗透方向与岩石层理面的夹角增大至 80° 时，岩石渗透率下降至 9.485 md，降低了 55.2%。当渗透方向与岩石层理面的夹角增大至 90° 时，岩石渗透率下降了很大的幅度，降低至 0.315 md，相对于 $\theta=80°$ 的渗透率，又降低了 96.7%。总体上，随着渗透方向与岩石层理面夹角的增大，该层岩石的渗透率呈减小的趋势。

由图 5-17（d）可以看出，采样层⑦岩样在渗透方向与岩石层理面的夹角（θ）为 0° 时，其渗透率值 $k=24.711$ md。当渗透方向与岩石层理面的夹角增大至 50° 时，岩石渗透率下降至 15.498 md，降低了 37.3%。当渗透方向与岩石层理面的夹角增大至 70° 时，岩石渗透率降低至 10.456 md，相对于 $\theta=50°$ 的渗透率，又降低了 32.5%。当渗透方向与岩石层理面的夹角增大至 90° 时，岩石渗透率降低至比较小的 0.895 md，相对于 $\theta=70°$ 的渗透率，又降低了 91.4%。总体上，该层岩石的渗透率较高，随着渗透方向与岩石层理面夹角的增大，该层岩石的渗透率减小的幅度增大。

对于研究区火烧岩渗透性综合评判参考"中国石油碎屑岩储层分类标准"（表 5-6）。

表 5-6　储层分类标准与评价

储层物性分类	渗透率 k/md	评价
特高渗	$k \geqslant 2\,000$	最好
高渗	$500 \leqslant k < 2\,000$	好
中渗	$50 \leqslant k < 500$	较好
低渗	$5 \leqslant k < 50$	较差
特低渗	$k < 5$	差

采样层①④⑤⑥⑦⑧岩石渗透率如图 5-18 所示,由图可见:采样层①岩石为中砂岩,未受煤层燃烧的影响,易风化,渗透率平均值为 9.148 md,属于低渗透储层,渗透性较差。

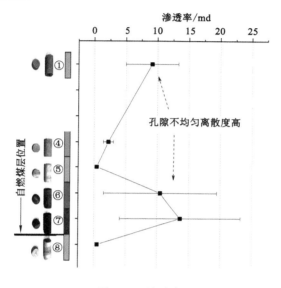

图 5-18　渗透率

采样层④岩石为中砂岩,受到煤层燃烧的影响,属于火烧岩,渗透率平均值为 2.239 md,相对于采样层①层未受烧变影响的砂岩,渗透率下降了 75.5%。该层岩石的储层分类属于特低渗储层,渗透性差。

采样层⑤岩石为细砂岩,受到一定的烧变影响,属于火烧岩,渗透率平均值为 0.419 md;相对于采样层④受烧变影响的砂岩,渗透率下降了 81.3%;相对于未受烧变影响的采样层①砂岩,渗透率下降得更多,下降了 95.4%。该层岩石属于特低渗储层,渗透性差。

采样层⑥比较靠近煤层燃烧区,受到较明显的烧变影响,原岩的结构、构造特征已经不明显,属于火烧岩。该层岩石相对于以上采样层④⑤表现出较好的渗透性,渗透性值出现明显的增加。其渗透率平均值为 10.474 md,相对于采样层①上升了 14.5%,相对于采样层④上升了 367.8%,相对于采样层⑤层上升了 2 399.7%。但该层岩石的储层物性分类仍属于低渗储层,渗透性较差。

采样层⑦更靠近煤层燃烧区,受到很明显的烧变影响,原岩的结构、构造特征已经不明显,属于火烧岩。该层岩石表现出更好的渗透性,渗透率平均值为

13.625 md,相对于采样层①上升了48.9%,相对于采样层④上升了508.5%,相对于采样层⑤上升了3 151.8%,相对于采样层⑥仍上升了30.1%。但根据表5-6的分类依据,该层岩石的储层物性分类仍属于低渗储层,渗透性较差。

采样层⑧位于燃烧煤层下方,未受到煤层燃烧后高温的影响,岩体较完整,渗透率为0.497 md。依据表5-6的分类标准,该层岩石储层物性分类属于特低渗储层,渗透性差。

5.2.5 磁化率

火烧岩磁化率值主要取决于岩石矿物成分(特别是磁铁矿类型的矿物成分)、岩石结构、矿物颗粒大小和形状[158]。本次研究采用磁化率仪(SM30)对试样的质量磁化率进行了测量。

$$\chi = \frac{2\Delta M \cdot gL}{mH^2} \tag{5-3}$$

式中,χ代表质量磁化率;m代表样品质量;H代表磁场强度;ΔM代表加磁场前后质量变化;g代表重力加速度。

每个层位选取9组样品进行磁化率测量,获得质量磁化率数据,如表5-7所列,平均值对比见图5-19。

表 5-7   质量磁化率测量结果　　　　　单位:$\times 10^{-6}$ m³/kg

采样层位	测量值									平均值
①	0.076	0.071	0.064	0.069	0.093	0.091	0.096	0.091	0.063	0.079
②	0.135	0.134	0.259	0.255	0.151	0.151	0.174	0.174	0.222	0.184
③	1.659	1.650	1.503	1.504	1.606	1.601	1.542	1.541	1.622	1.581
④	0.671	0.670	0.485	0.491	1.137	1.133	0.454	0.457	0.832	0.704
⑤	1.912	1.914	1.907	1.907	1.361	1.367	1.580	1.581	1.407	1.660
⑥	2.215	2.217	2.106	2.108	1.656	1.657	1.893	1.896	1.585	1.926
⑦	2.459	2.458	2.494	2.499	2.261	2.269	1.260	1.261	1.429	2.044
⑧	0.025	0.025	0.028	0.026	0.032	0.032	0.027	0.028	0.036	0.029

采样层①样品的质量磁化率$\chi = 0.079 \times 10^{-6}$ m³/kg。采样层②样品的质量磁化率$\chi = 0.184 \times 10^{-6}$ m³/kg,较采样层①增加了133%。采样层③样品的质量磁化率升高,$\chi = 1.581 \times 10^{-6}$ m³/kg,较采样层①增加了1 901%。采样

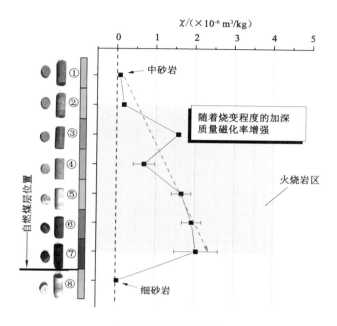

图 5-19　质量磁化率

层④样品质量磁化率 $\chi = 0.704 \times 10^{-6}$ m³/kg,相对于采样层①增加了 791%。采样层⑤样品的磁化率比采样层①升高了 2 001%($\chi = 1.660 \times 10^{-6}$ m³/kg)。采样层⑥样品的磁化率 $\chi = 1.926 \times 10^{-6}$ m³/kg,比采样层①的磁化率增加了 2 337%。采样层⑦样品的磁化率 $\chi = 2.044 \times 10^{-6}$ m³/kg,比采样层①增加了 2 487%。采样层⑧和采样层①同样未受烧变作用,磁化率值非常低, $\chi = 0.029 \times 10^{-6}$ m³/kg。

　　分析认为,煤层上覆砂岩中含有菱铁矿及黄铁矿结核,矿物磁性微弱;火烧岩为砂岩高温烘烤形成,形成较强磁性铁矿物质,磁化率较强[159]。

5.2.6　热物性参数

　　导热系数(λ)取决于岩石的成分、结构、形成条件等,导热系数可以表征火烧岩导热能力的大小[160]。本研究使用导热分析仪 TC300E,采取瞬态热线法测试各采样层样品的导热系数,测试结果如表 5-8 所列,各采样层导热系数对比可见图 5-20。

表 5-8　导热系数测量结果　　　　　　　　　单位：W/(m·K)

采样层位	测量值			平均值
①	1.392	1.456	1.437	1.428
②	2.803	2.743	2.723	2.756
③	1.137	1.105	1.116	1.119
④	0.785	0.789	0.789	0.788
⑤	1.446	1.517	1.495	1.486
⑥	1.116	1.126	1.136	1.126
⑦	1.143	1.095	1.121	1.120
⑧	2.382	2.663	2.448	2.498

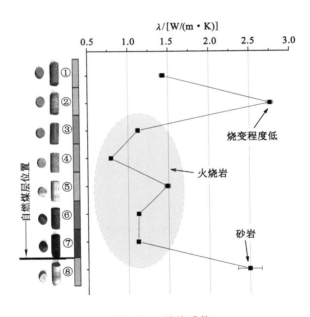

图 5-20　导热系数

采样层①砂岩导热系数为 1.428 W/(m·K)，受温度影响微弱的采样层②导热系数为 2.756 W/(m·K)。采样层③的导热系数为 1.119 W/(m·K)，较采样层②下降了 59.4%。采样层④的导热系数为 0.788 W/(m·K)，较采样层②下降了 71.4%。采样层⑤的导热系数为 1.486 W/(m·K)，较采样层②下降了 46.1%。采样层⑥的导热系数为 1.126 W/(m·K)，较采样层②下降了

59.1%。采样层⑦的导热系数为 1.120 W/(m·K),较采样层②下降了59.4%。采样层⑧是未受温度影响的致密细砂岩,其导热系数为 2.498 W/(m·K),与采样层②的导热系数值接近。可以看出,受温度影响程度较深的火烧岩导热系数明显减小。

5.2.7 水岩作用

水岩作用对火烧岩区岩体的变形机制有非常重要的影响[161-162]。从图 5-21 可以看出,随着水岩作用循环次数的增加,粗砂岩质量损失率(简称质损率)明显增大,而火烧岩质损率变化较小。

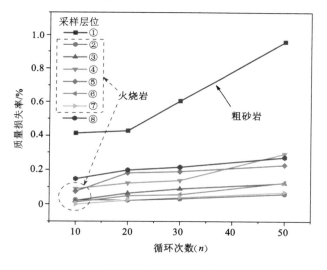

图 5-21　质量损失率

采样层①岩样经过水的多次循环后,质损率最大,在 50 次循环后达到 0.96%。其次,采样层④⑧质损率也较高,分别达到0.29%与0.27%。采样层④在前期质损率上升较慢,在第 30 次循环之后质损率上升较快。采样层⑤在前期质损率上升较快,在第 10 次循环之后质损率上升速率减慢。采样层②③⑥⑦火烧岩质损率较低,性质稳定,经多次循环后质损率曲线起伏不大,其中采样层②最稳定,50 次循环后,质损率仅 0.058%。

用 NMR 方法测试岩样水岩作用后孔隙结构的变化。图 5-22 所示为各采样层岩样在不同干湿循环次数下的孔径与孔体积比例曲线,各采样层岩样曲线形态差异较大,但均为双峰型与三峰型。水岩作用后,岩样峰型发生变化,其中采样层①岩样经干湿循环后,峰型从三峰型转为双峰型,孔径主要集中在 $0.1 \sim 10~\mu m$,小孔较少;采样层②岩样孔径主要集中在 $0.1~\mu m$ 以下,说明其微孔含量较高;采样层③④⑤火烧岩同样小孔较多,随循环次数增加小孔波峰有降低趋势,曲线整体有向右移;采样层⑦⑧曲线右移明显,最小孔径增大明显,采样层⑦增加至 $0.79~\mu m$,采样层⑧增加至 $0.08~\mu m$。采样层②⑧总孔隙含量较小,孔体积比例也较低。采样层⑧最小孔径是 8 层中最小的,为 $0.016~\mu m$。采样层⑥⑦中孔径集中在 $1~\mu m$ 左右,最大孔径在是 $1~000~\mu m$ 以上,中孔和大孔含量较高。

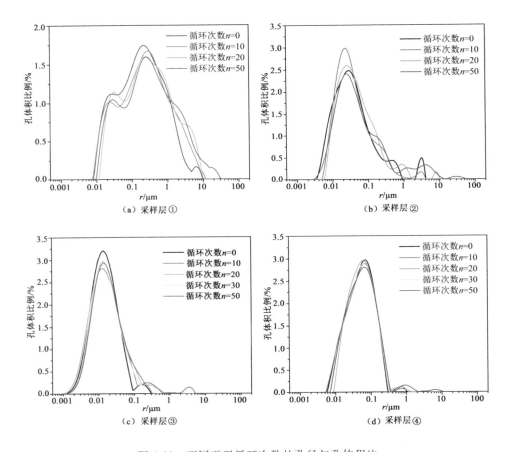

图 5-22 不同干湿循环次数的孔径与孔体积比

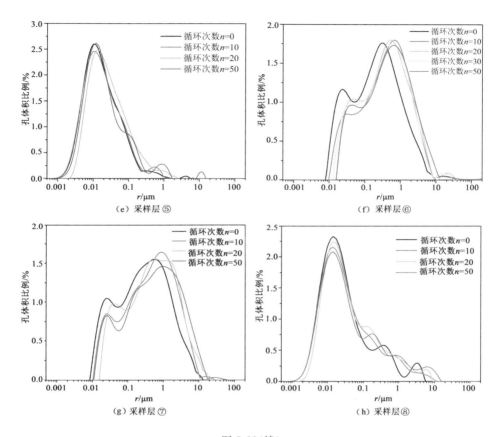

图 5-22（续）

5.3　力学特征

　　在火烧岩区进行煤矿开采、道路建设和地面建筑等时存在诸多工程地质问题，为了对火烧岩抵抗弹性变形和塑性变形的能力进行研究，本节对采集的样品进行表面硬度、抗拉强度和抗压强度等力学性能测试。

5.3.1　表面硬度

　　表面硬度可以表示火烧岩表面抵抗变形或损伤的能力。本次试验采用 SW-6230 里氏硬度计对样品进行硬度测试。试样直径为 50 mm，高度为 250 mm，满足《工程岩体试验方法标准》(GB/T 50266—2013)[163]。每个层位选取 5 个试样进行测试,将里氏硬度计置于岩样上方,通过垂直向下的方式冲击岩石表面,测点在岩样表面分布均匀,一共获取了 8 组试验数据,测试值如表 5-9 所列。

表 5-9　硬度测试数据　　　　　　　单位:HLD

采样层位	样品 1	样品 2	样品 3	样品 4	样品 5	平均值
①	478	427	445	434	414	439.6
②	650	586	544	647	628	611.0
③	566	626	556	565	548	572.2
④	456	484	488	499	451	475.6
⑤	628	671	638	637	648	644.4
⑥	517	502	536	466	459	496.0
⑦	402	467	414	402	441	425.2
⑧	492	443	471	444	486	467.2

由图 5-23 可以看出,未受烧变影响的采样层①为中砂岩,受到轻微风化,硬

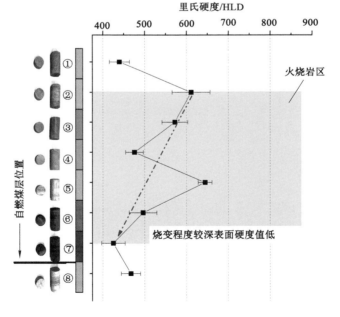

图 5-23　表面硬度

度值为 439.6 HLD;采样层⑧为未受烧变影响的细砂岩,弱风化,硬度值为 467.2 HLD;采样层②原岩为细砂岩,受到较轻微的烧变影响,硬度值较高,为 611.0 HLD;采样层③原岩为中砂岩,泥质含量较高,受轻微烧变影响,硬度值为 572.2 HLD;采样层④原岩为中砂岩,泥质含量较高,距燃烧煤层较近,受到一定的温度影响,硬度较上面两层的砂岩有所降低,为 475.6 HLD;采样层⑤的原岩为中砂岩,受高温作用后,呈现黄色,并且出现大量棕色条纹,硬度值相对于其他层位也最高,为 644.4 HLD;从采样层⑥开始,随着受煤层燃烧温度影响程度的加深,岩石的硬度有所减弱,采样层⑥的硬度值为 496.0 HLD;采样层⑦的硬度值为 425.2 HLD,是所有采样层中硬度值最低的。可见随着烧变程度的加深,岩石表面硬度差异性较大,但整体表现为降低趋势。

5.3.2 抗拉强度

抗拉强度可以体现出火烧岩达到破坏时所能承受的最大拉应力,抗拉强度的测试对火烧岩区岩体的边坡及地下硐室工程有重要的意义[164-165]。本次研究使用 MTS Exceed E64 电子万能试验机对岩石样品抗拉强度进行测试[166],测得的数据如表 5-10 所列。

表 5-10   各地层火烧岩抗拉强度数据表 　　　　　　单位:MPa

采样层位	α/(°)										
	0	10	15	20	30	45	50	60	70	80	90
①	—	—	—	—	—	—	1.19	1.79	1.41	—	—
②	3.78	—	—	3.80	—	—	3.72	2.46	1.48	3.00	2.71
③	6.95	6.33	—	4.63	—	—	—	—	—	2.55	3.11
④	—	—	—	1.41	1.56	1.13	—	2.12	—	—	—
⑤	—	6.38	—	—	—	—	—	—	—	6.34	—
⑥	4.98	—	—	—	—	—	—	—	—	3.14	3.50
⑦	3.16	3.25	—	3.80	—	—	—	—	4.59	3.50	4.45
⑧	1.63	2.42	2.42	—	—	0.99	—	1.07	—	—	—

注:α 为层石层理与水平面的夹角。

根据表 5-10 绘制各层位岩石样品抗拉强度变化图,如图 5-24 所示。

从图 5-24 可以看出,各采样层位岩石抗拉强度主要集中在 2～5 MPa,采样层②③⑦不同角度火烧岩的抗拉强度值相近,抗拉强度最大值出现在采样层

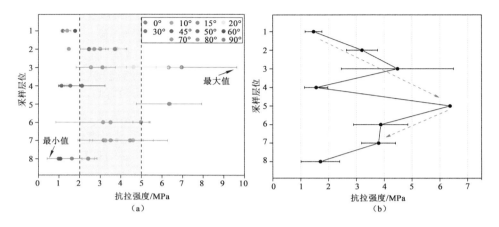

图 5-24　抗拉强度变化关系

③、最小值出现在采样层⑧。

5.3.3　抗压强度

抗压强度可表征火烧岩承受压力时的极限强度[167],应力方向与层理面夹角对试样的极限抗压强度有很大的影响[168]。本次抗压强度的测试设应力方向与岩石层理面的夹角为θ[图 5-25(a)]。

由图 5-24(b)可以看出,采样层①应力方向与层理面夹角θ为 40°时,在压力作用下,试样在破坏前承受的最大应力值(抗压强度δ)为 6.78 MPa。当$\theta=$ 45°时,试样的抗压强度(δ)为 10.87 MPa,比$\theta=$40°时增加了 60.3%。

由图 5-25(c)可以看出,采样层②应力方向与层理面夹角θ为 20°时,在压力作用下,试样在破坏前承受的最大应力值(抗压强度δ)为 39.79 MPa。当$\theta=$ 70°时,试样在破坏前承受的最大应力值(抗压强度δ)增加为 79.81 MPa,比$\theta=$ 20°时增加了 100.6%。

由图 5-25(d)可以看出,采样层④应力方向与层理面夹角θ为 10°时,在压力作用下,试样在破坏前承受的最大应力值(抗压强度δ)为 19.51 MPa。当θ增加为 30°时,试样在破坏前承受的最大应力值(抗压强度δ)增加为 23.46 MPa,比$\theta=$10°时增加了 20.3%。当θ再次增加为 45°时,试样在破坏前承受的最大应力值(抗压强度δ)增加为 27.05 MPa,相对于$\theta=$30°时增加了 15.3%。

由图 5-25(e)可以看出,采样层⑦应力方向与层理面夹角θ为 0°时,在压力作用下,试样在破坏前承受的最大应力值(抗压强度δ)为 49.48 MPa。当θ增

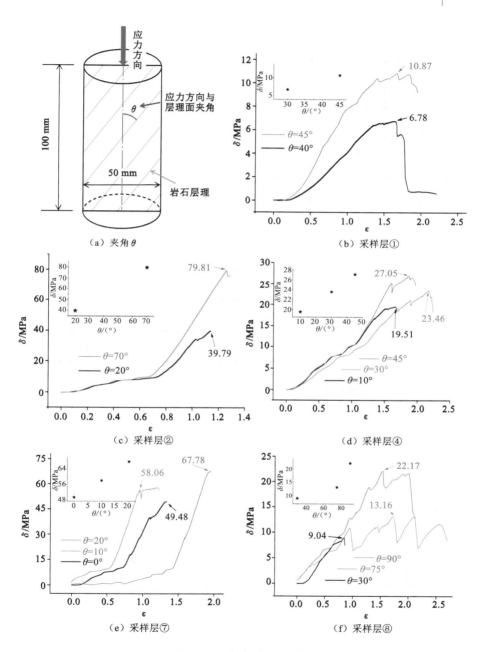

图 5-25　应力-应变关系

加为 10°时,试样在破坏前承受的最大应力值(抗压强度 δ)增加为 58.06 MPa,比 $\theta=0$°时增加了 17.3%。当 θ 再次增加为 20°时,试样在破坏前承受的最大应力值(抗压强度 δ)增加为 67.78 MPa,相对于 $\theta=10$°时增加了 16.7%。

由图 5-25(f)可以看出,采样层⑧应力方向与层理面夹角 θ 为 30°时,在压力作用下,试样在破坏前承受的最大应力值(抗压强度 δ)为 9.04 MPa。当 θ 增加为 75°时,试样在破坏前承受的最大应力值(抗压强度 δ)增加为 13.16 MPa,比 $\theta=30$°时增加了 45.6%。当 θ 再次增加为 90°时,试样在破坏前承受的最大应力值(抗压强度 δ)增加为 22.17 MPa,相对于 $\theta=75$°时增加了 68.5%。

总体上来看,该组试样在压应力作用下承受的最大应力值随着应力与层理面夹角的增大而增大,并且,应力与层理面夹角越大,抗压强度增强的幅度越大。

单轴抗压强度实验后,实验所得到的数据见表 5-11,绘制各层位岩样的抗压强度变化图,如图 5-26 所示。

表 5-11　各采样层岩样抗压强度　　　　　　　　　　单位:MPa

采样层	$\theta/(°)$								
	0	10	20	30	40	45	70	75	90
①	—	—	—	—	6.78	10.88	—	—	—
②	—	—	39.79	—	—	—	79.81	—	—
④	—	19.51	—	23.46	—	27.05	—	—	—
⑦	49.48	58.06	67.78	—	—	—	—	—	—
⑧	—	—	—	9.03	—	—	—	13.16	22.17

从图 5-26(a)中可以看出,各层位岩样的应力方向与岩石层理面的夹角不同,其抗压强度值也不同,但整体上同一岩层火烧岩抗压强度值相近。抗压强度最大值出现在采样层②,最小值出现在采样层①。

从图 5-26(b)中可以看出,抗压强度随采样层位变化差距较大,受温度影响极低的采样层②的抗压强度比较高,受较低温度影响的采样层④的抗压强度有所下降,但是受高温影响的采样层⑦的抗压强度又增强。

5.3.4　强度声发射

在岩土材料等出现宏观裂纹破坏前,通常都会出现应变高度集中形成带状区域的现象,即应变局部化,该区域被称为应变局部化带,是材料被破坏的重要

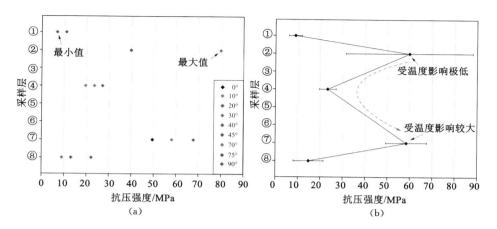

图 5-26 抗压强度变化图

征兆之一[169]。声发射（AE）信号可以无损检测出火烧岩受力破坏时其内部微观裂纹和应力特征。本研究声发射测试采用 DS5-8A/B 型声发射仪。

（1）抗拉强度

选取采样层②⑦岩石样品进行抗拉强度测试，测试结果见表5-12。同时对加载过程中的声发射进行监测，在此基础上对研究区岩石抗拉强度与层理倾角 α 的关系进行分析。

表 5-12 局部破坏启动点信息   单位：kN

层理倾角 α/(°)	采样层②			采样层⑦		
	局部破坏启动荷载 Q_1	相对峰值荷载 Q_2	Q_1/Q_2	局部破坏启动荷载 Q_1	相对峰值荷载 Q_2	Q_1/Q_2
0	3.37	8.50	0.397	2.48	5.28	0.470
10	—	—	—	1.65	6.37	0.259
80	1.77	5.89	0.300	—	—	—
90	1.40	3.81	0.367	—	—	—

图 5-27 为采样层②岩样载荷和振铃计数与时间的关系曲线，由图可以看出，随着岩样层理倾角 α 的增大，局部破坏启动荷载和相对峰值荷载都呈现出逐渐减小的趋势。当 α 为 0°时，岩样的局部破坏启动荷载为 3.37 kN；层理倾角

α 为 90°时的局部破坏启动荷载为 1.40 kN,比 0°时减小了 1.97 kN,减小了 58.5%。岩石层理倾角 α 为 0°时岩样的相对峰值荷载为 8.50 kN,层理倾角 α 为90°时为 3.81 kN,减小了 55.2%。

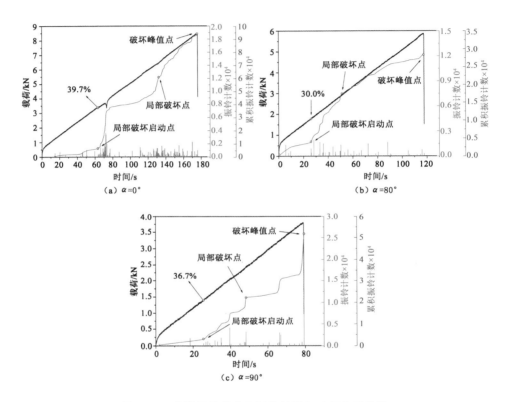

图 5-27　采样层②载荷和振铃计数与时间关系曲线

图 5-28 为采样层⑦岩样载荷和振铃计数与时间关系曲线,由图可以看出,随着岩样层理倾角的增大,局部破坏启动荷载呈现出逐渐减小的趋势。层理倾角为 0°的岩样的局部破坏启动荷载为 2.48 kN,破坏峰值为 5.28 kN;层理倾角为 10°的岩样的局部破坏启动荷载为 1.65 kN,破坏峰值为 6.37 kN。层理倾角由 0°变到 10°,局部破坏启动荷载减小了 0.83 kN,减小了 33.5%;破坏峰值增加了 1.09 kN,增加了 20.6%。由此可见,岩石层理倾角是影响火烧岩抗拉强度的重要因素,受烧变影响程度较深的岩石破坏峰值点随层理倾角的增加而增大。

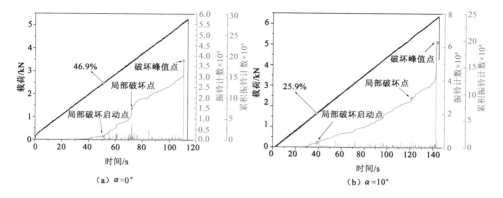

图 5-28 采样层⑦载荷和振铃计数与时间关系曲线

（2）抗压强度

图 5-29 所示为采样层④⑦⑧岩样的应力-应变与振铃计数-应变曲线。采样层④火烧岩岩样，当岩石层理面的夹角 θ 为 30°时，应力峰值点为 23.39 MPa，屈服点为 19.85 MPa；当 $\theta=45°$时，应力峰值点为 26.95 MPa，屈服点为 23.86 MPa。采样层⑦火烧岩岩样，当 $\theta=0°$时，应力峰值点为 49.38 MPa，屈服点为 10.01 MPa；当 $\theta=20°$时，应力峰值点为 67.76 MPa，屈服点为 11.25 MPa。采样层⑧岩样，当 $\theta=30°$时，应力峰值点为 9.01 MPa，屈服点为 7.57 MPa；当 $\theta=90°$时，应力峰值点为 22.15 MPa，屈服点为 18.94 MPa。

由以上数据可以看出，同一采样层位火烧岩的应力破坏峰值、屈服点值都随着应力方向与岩石层理面的夹角（θ）的增大而增大。随着烧变程度的加深，火烧岩抗压破坏峰值和屈服点值增大，未受烧变影响的采样层⑧砂岩应力破坏峰值和屈服点相对最小，烧变程度较深的采样层⑦火烧岩应力破坏峰值和屈服点值均较大。

综合分析每层岩样的应力-应变与振铃计数-应变关系曲线，发现在压密阶段，声发射事件相对较少；在弹性阶段，由于样品内部裂隙开始相互连接，同时试样表面开始出现细微的裂纹，声发射事件开始增多，此阶段内一般会出现较大的声发射事件，表明试样开始出现宏观裂纹；在屈服阶段，弹性阶段形成的宏观裂纹沿着样品内部节理尖端部分继续发育，声发射事件开始大幅增加。随着应力不断加载，裂纹的数量及体积逐渐增大，此时会发生一系列连续且信号较强的声发射事件，应力到达某一阈值后，试样出现贯通性裂纹，此时也会出现一个信号较强的声发射事件，标志着试样破坏。

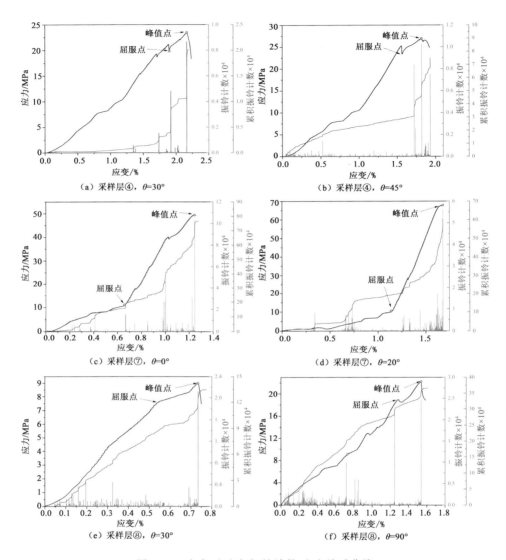

图 5-29　应力-应变与振铃计数-应变关系曲线

（3）不同层位岩石声发射振幅频谱关系

不同声发射波形的频率和振幅对应着不同的声发射源机制[170]。因此，研究声发射波形的频率和振幅值特征，有助于掌握岩石的微观破裂机理[171]。频率分为低频（＜50 kHz）、中频（50～200 kHz）和高频（＞200 kHz），幅度分为低幅度(<50 dB)、中幅度(50~60 dB)和高幅度(>60 dB)。一般来说,剪切裂纹通常呈现低频、低幅度波形,而拉伸裂纹则呈现高频、高幅度波形[172]。

图 5-30 展示了不同层位岩石样品声发射频率、幅度随时间的变化。从图 5-30(a)(d)中可以看出,采样层②⑧的波形主要分布在低频、低幅度区域,说明原岩和烧变程度极低的火烧岩中主要为剪切裂纹;采样层⑥⑦的波形主要分布在高频、高幅度区域,说明烧变程度较深的火烧岩中主要为拉伸裂纹。

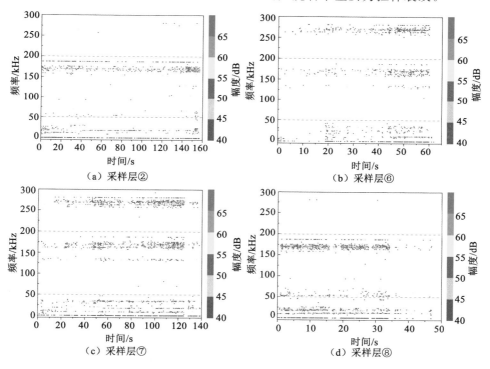

图 5-30 声发射振幅频谱关系

综合分析各采样层岩样有效孔隙度(φ_e)、导热系数(λ)、硬度(HL)、密度(ρ)和磁化率(χ)等典型物理力学参数随烧变程度响应特征,如图 5-31 所示。由图可见随着烧变程度的加深,岩石的有效孔隙度(φ_e)开始明显增大,以烧变程度最深的采样层⑦最大。火烧岩的质量磁化率(χ)相对于未受烧变影响的砂岩随烧变程度增加有增强趋势,而导热系数(λ)、硬度(HL)和密度(ρ)会随着烧变程度的加深而降低。

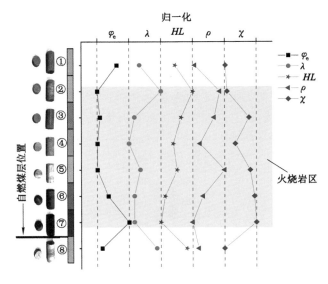

图 5-31　部分物理力学参数归一化

5.4　本章小结

在研究区内考考乌素沟采得一组烧变程度不同的火烧岩试样，进行了室内物理力学试验：

（1）火烧岩的色度值会随着烧变程度的加深而呈现出偏红色系的红色与褐色，密度降低，质量磁化率增强；火烧岩的导热系数相对于砂岩较低；随着水岩作用循环次数的增加，火烧岩质损率较小且变化较小；从烘烤岩到烘变岩，岩石的有效孔隙增多，渗透率增大。

（2）随着烧变程度的增加，火烧岩表面硬度差异性较大，但整体表现为降低趋势；采样层④火烧岩抗拉强度最低，采样层⑤火烧岩抗拉强度最高；采样层④火烧岩抗压强度最低，采样层⑦火烧岩抗压强度最高。

6　火烧岩区岩体结构及地质环境效应

火烧岩的形成机制和地质环境效应如图 6-1 所示,其工程地质条件如图 6-2 所示。本章对不同烧变程度火烧岩的岩体结构特征进行分析,探讨火烧岩区不良地质作用,揭示火烧岩区岩体质量响应规律,阐明火烧岩区滑坡、崩塌、地面沉降与塌陷等地质灾害形成机制,总结火烧岩区生态环境破坏问题。

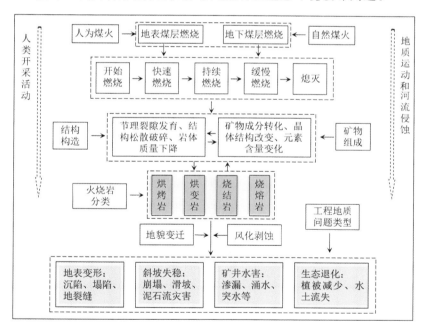

图 6-1　火烧岩形成机制和地质环境效应

鄂尔多斯盆地东北缘侏罗系和石炭-二叠系煤层受印支、燕山和喜马拉雅构造抬升、风化剥蚀和黄河及其支流侵蚀等作用出露于近地表并燃烧。煤层燃烧改变围岩的矿物成分与岩体结构,形成颜色和形态各异的火烧岩。烧空区上覆岩层的破坏垮塌诱发地表裂缝、地面沉降与塌陷,导致滑坡、悬崖和丘陵等新地貌的产生。此外,火烧岩中烧变裂隙和孔洞极其发育,孔裂隙连通性强、岩层储水空间大,极易引起矿井水害问题。

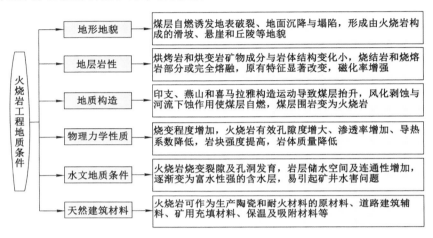

图 6-2 火烧岩工程地质条件

6.1 火烧岩岩体结构特征

(1)烘烤岩

烘烤岩主要存在于煤层底板和煤层上覆受自燃影响最小的岩层,其岩体结构几乎未发生改变,基本与原岩一致,具有层状或板状结构特征。原岩在高温烘烤下发生了自由水的蒸发和有机质的氧化分解,岩石内部孔隙增加、质量降低、抗风化能力减弱,岩体易风化成块状或碎块碎裂结构[见图 6-3(b)(c)],节理密度约 10 条/m,节理张开度 2~5 mm(见表 6-1)。

(2)烘变岩

烘变岩主要位于烘烤岩下部,受煤层自燃的影响大于烘烤岩,其岩体结构发生较大变化。原岩在更高温度的作用下,部分黏土矿发生转化以及石英相变,孔洞、节理和裂隙极其发育且张开度较好,岩体极易风化成碎块碎裂结构[见图 6-3(d)(e)],节理密度约 18 条/m,节理张开度 5~12 mm(见表 6-1),为地下水的储存和运移提供了良好的空间条件。

图 6-3　火烧岩破碎岩体

图 6-3（续）

表 6-1 张家峁剖面火烧岩节理实测统计表

岩石类型	测量长度/m	节理类型/条				总计/条	节理密度/（条/m）	张开度/mm
		走向	倾向	斜向	顺层			
砂岩	8	—	3	—	—	24	3	1～3
烘烤岩	5	—	21	10	19	50	10	2～5
烘变岩	5	16	22	38	14	90	18	5～12
烧结岩	2	—	9	31	—	40	20	8～10
烧熔岩	3	—	17	3	4	24	8	10～15

（3）烧结岩

烧结岩主要位于烘变岩下部或传热通道（断层面、烧空塌落区和节理裂隙面等）附近。原岩受到高温烘烤作用，部分矿物熔化形成熔融基质，并与未烧结的岩石碎片黏结在一起，原始结构发生严重破坏。孔洞、节理和裂隙极其发育，具有不规则分布特征，且多被方解石充填，以碎块状分布为主，岩体极易风化成碎块、碎裂结构［见图 6-2(f)(g)］，节理密度约 20 条/m，节理张开度 8～10 mm（见表 6-1）。

（4）烧熔岩

烧熔岩主要存在于自燃煤层顶板，受煤层自燃高温作用熔融后冷凝而成。在高温作用下，大部分矿物颗粒达到熔点，岩石几乎完全熔融，形成类熔岩流体，在冷凝过程中岩体逐渐变为孔裂隙发育的熔渣角砾状或蜂窝状结构，原始结构完全改变，岩体易风化成块状或碎块碎裂结构［见图 6-3(h)］，节理密度约 8

条/m,节理张开度 10~15 mm(见表 6-1)。

综上所述,鄂尔多斯盆地东北缘火烧岩发育有大量的孔裂隙及蜂窝状空洞,节理发育程度总体上是上弱下强。岩体结构多为碎裂状,松散破碎,岩体质量较低,属于软弱岩类。由于孔裂隙之间连通性较好,因而具有较好的导水和储水能力,当与第四系松散层含水层(萨拉乌苏组含水层)紧密相连时,可作为强富水性地层。

火烧岩含水层在作为生活和生产用水的同时,也给火烧岩岩体工程带来潜在危害,引起地面沉降、边坡失稳、矿井突水及生态退化等灾害问题。

6.2　火烧岩区地质灾害效应

6.2.1　滑坡

(1) 瓷窑塔滑坡

瓷窑塔滑坡(见图 6-4)位于侏罗系火烧岩区,行政隶属神木市店塔镇瓷窑塔村,坐标:110.26457E,39.044243N,为火烧岩切层滑坡,岩层产状近水平。滑坡平面形态呈长椅形,相对高差约 6 m,纵向长约 8 m,横向宽约 17 m,滑体厚0.5~3 m,浅层滑动,体积约为 272 m³,小型滑坡,主滑方向为 350°。滑体物质主要为碎石,母岩为火烧岩,粒径多为 3~10 cm,充填物质为坡体上部的沙黄土。滑坡区自然地形总体上呈直线型陡坡,地形起伏小,坡角约 57°,滑坡后缘无明显拉张裂缝,两翼剪切裂缝也不明显。该滑坡发生于 2016 年夏季,滑覆带堆积体大部分已被清理。

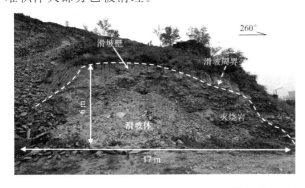

图 6-4　瓷窑塔滑坡

（2）滑坡分析

地层产状以水平层理为主，未受烧变影响的原岩节理裂隙发育程度一般，且贯通性一般。烧变影响后的火烧岩，节理裂隙在横向和纵向上都有所扩张，岩体更为破碎，质量降低，岩体内部形成软弱接触面。开挖使坡脚应力集中，抗滑力减小，或坡体上部加载，增加了坡体重量和下滑力，在强降雨、冻融及地表水入渗的条件下极易诱发坡体失稳，形成滑坡（图 6-5）。

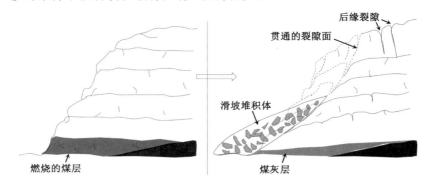

图 6-5　滑动机制示意图

采用离散元方法对火烧岩形成过程中滑坡的产生条件进行模拟。较缓坡体处［图 6-6（a）］，在煤层初始燃烧阶段，坡脚处发育 85 条节理裂隙［图 6-6（b）］，随着煤层燃烧面积扩大，上部岩体节理裂隙增加至 582 条，局部发育成裂缝［图 6-6（c）］，最终节理裂隙发育至 1 073 条，局部贯通，为滑动带的形成奠定基础［图 6-6（d）］。

6.2.2　崩塌

（1）巴楞峁崩塌

巴楞峁崩塌（图 6-7）位于侏罗系火烧岩区，行政区划隶属于神木市店塔镇巴楞峁村，坐标：110.315017E，39.047537N，坡度 70°，植被不发育，以低矮灌草为主。主要出露岩性为侏罗系砂岩和经高温后形成的火烧岩，地表覆薄层沙黄土。崩塌高约 3 m，总长约 10 m，崩积物体积约 180 m³，小型崩塌，崩积物主要为火烧岩，粒径 5～20 cm。

崩塌附近相同标高同层位的原岩地层节理裂隙不发育，0.5 条/m，岩体较完整，产状近水平较稳定。上部火烧岩是以砂岩为主的原岩经高温后形成，产生多组以垂直节理裂隙为主的结构面，节理裂隙密度为 6～11 条/m。岩体破碎

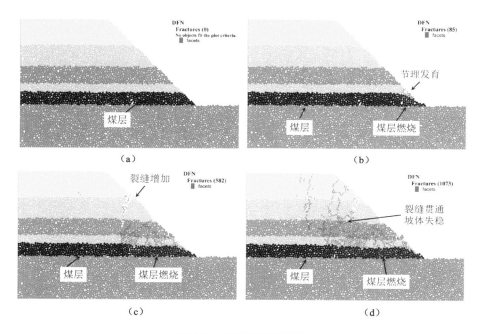

图 6-6　火烧岩滑坡模拟

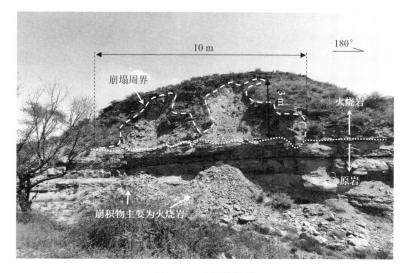

图 6-7　巴楞峁崩塌

程度较高,岩体的完整性变差,降低了岩体力学强度,当岩体重力卸荷作用大于岩体强度抗力作用时,危岩体脱离母岩,发生崩塌。

(2)浪湾崩塌

浪湾危岩体(图 6-8)位于石炭-二叠系火烧岩区,行政区划隶属于府谷县府谷镇柏林店村,坐标:111.168305E,39.150841N。岩体产状近水平,主要裂隙节理产状为 80°∠90°,危岩体与母岩之间的拉张裂缝最大达到 30 cm,最大向下滑移约 40 cm,危岩体长约 2.4 m,高约 2.1 m,厚约 0.6～1.1 m,体积约 5 m³。该段岩体的垂直节理裂隙十分发育,而且坡脚处有崩积物表明曾发生崩塌活动。

图 6-8 浪湾崩塌

该段边坡整体稳定性较好,以中层状结构为主,夹有薄层状岩石。节理裂隙密度约为 0.5 条/m,宽度约 0.1～0.3 cm,贯通性较差。但该处危岩体局部出现了烧变影响严重的破碎岩体,节理裂隙面约 8 条/m,间距 0.2～0.5 m,岩体的完整性破坏较大,该危岩体的变形破坏模式主要是滑移-拉裂式。

(3)李家畔 1 号崩塌

李家畔 1 号崩塌(图 6-9)位于侏罗系火烧岩区,行政区划隶属于神木市大柳塔镇李家畔村,坐标:110.17657E,39.271277N,坡度近 90°。岩体产状近水平,主要节理裂隙产状为 180°∠90°和 110°∠90°,危岩体与母岩之间的拉张裂缝 40～60 cm,最大向下滑移约 40 cm。危岩体长约 5 m,高约 11 m,厚约 1.5 m,体积约 83 m³。该段岩体的节理裂隙发育中等,裂缝内部有正在燃烧的煤层,可见烧熔的岩石。

该段边坡整体稳定性较好,以中-厚层状结构为主,节理裂隙密度约为 0.3 条/m,宽度约 0.1～0.4 cm,并且贯通性差。但该处危岩体下部煤层燃烧现象正在发生,使上部岩体出现了明显的受高温烘烤的岩石,岩体破碎,节理裂隙面约 15 条/m,多处有贯通,岩体的完整性破坏较大。该危岩体的变形破坏模式主要是滑移-拉裂式。

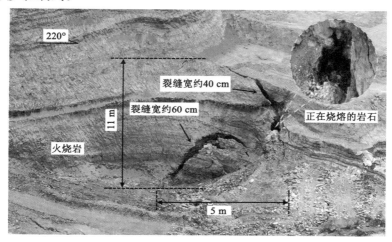

图 6-9 李家畔 1 号崩塌

(4) 李家畔 2 号崩塌

李家畔 2 号崩塌[图 6-10(a)]位于侏罗系火烧岩区,行政区划隶属于神木市大柳塔镇,坐标:110.17657E,39.271277N,坡度 80°,无植被覆盖,主要出露岩性为火烧岩。崩塌高约 7 m,总长约 13 m,崩积物体积约 320 m³,为小型崩塌,崩积物主要为火烧岩,粒径以 10～15 cm 为主。原岩地层节理裂隙较发育,约 1 条/m,但是节理贯通性一般,整体上岩体较完整,产状近水平较稳定。该段地层下部岩体由于煤层正在燃烧而正处于高温烘烤阶段,不仅使节理密度增加至 12 条/m,而且增加了贯通性,使岩体破碎程度增高。岩体的完整性变差,降低了岩体力学强度,当岩体重力卸荷作用大于岩体强度抗力作用时,危岩体脱离母岩,发生崩塌。

崩塌体上部形成危岩体[图 6-10(b)],主要裂隙节理产状为 200°∠90°。危岩体与母岩之间的拉张裂缝最大达到 80 cm,最大向下滑移约 20 cm,危岩体长约 8m,危岩体底部距坡角约 7 m 高,厚约 0.5～1 m,体积约 42 m³。该段岩体的垂直节理裂隙较发育,边坡整体稳定性较好,以中-厚层状结构为主,节理裂隙密度约为 1 条/m。但由于该段地层下部煤层正在燃烧,使上部岩体处于高温烘烤阶段,崩塌后上部岩体后缘拉张裂隙最宽处达到了 80 cm,局部出现了烧变影响严重的破碎岩体。节理裂隙面约 11 条/m,间距 0.2～0.5 m 不等,岩体的完整性破坏较大,该危岩体的变形破坏模式主要是滑移-拉裂式。

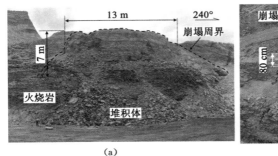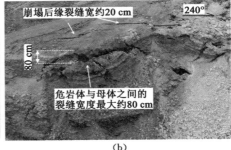

图 6-10　李家畔 2 号崩塌

（5）崩塌机理分析

鄂尔多斯盆地东北缘地层产状以近水平层状结构为主,岩体完整程度较好,整体较稳定。烧空区使边坡产生卸荷作用,裂缝发展成危岩体,水平岩层的层理面垂直节理裂隙贯穿,危岩体的底部产生剪切破坏,形成局部崩落。崩落区域向边坡后方继续扩展,危岩体底部火烧岩岩体破碎,岩体质量较差,易被风化发生蠕变,加速危岩体底部的剪切性破坏模式形成悬挂式危岩体,在受到降雨等外力因素后,易产生小型滑移式崩塌。

若初始危岩体底部火烧岩为中-厚层状,危岩体在垂直方向的节理裂隙中产生水压,或者在充填物水平方向的推力之下,卸荷产生的节理裂隙会继续向深部发展,并且在垂直方向形成类似于"柱状节理"的贯通面。危岩体会由单独的、小型的岩块发展成为多个、大型的岩块,逐渐地向外部倾斜,局部会伴有鼓胀现象,在降雨或地震等外力作用下形成危险性更高的倾倒式崩塌（图 6-11）。

采用离散元方法对火烧岩区高边坡节理裂隙贯通、危岩体形成及崩塌的产生进行模拟。由图 6-12(a)可以看出,火烧岩初始边坡岩层倾角近水平,坡体较稳定,节理裂隙不发育;煤层燃烧使坡体上部岩层节理裂隙发育(286 条),裂缝增加,并且与地面产生贯通节理面[图 6-12(b)];随着燃烧面向内部煤层推进,形成烧空区,上部岩体节理裂隙增加至 400 条,使岩体结构发育为碎裂结构,斜

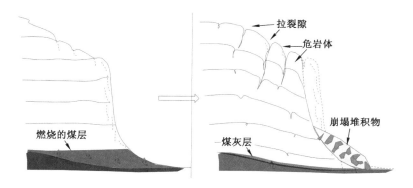

图 6-11   崩塌机理示意图

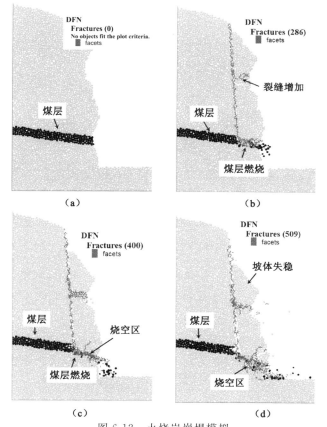

图 6-12   火烧岩崩塌模拟

坡类型发育成碎块体斜坡[图 6-12(c)];随烧空区面积的扩大,节理裂隙发育至509 条,岩体下部支撑力减少,危岩体形成,坡体呈失稳状态[图 6-12(d)]。

6.2.3 地面沉降与塌陷

（1）活鸡兔地面塌陷

该地裂缝群（见图 6-13）位于侏罗系火烧岩区,分布在活鸡兔井田西北角露天开采区,行政区划隶属于神木市大柳塔镇,坐标:110.144815E,39.264901N。此处煤层厚约 6 m,产状近水平,埋深 20～35 m。地表出露岩性主要为侏罗系砂岩。地裂缝为台阶状,台阶落差一般约 1 cm,主要为南北走向,裂缝连续长度可达 300 m,最宽处约为 60 cm,伴有地面塌陷和沉降。

图 6-13 活鸡兔地裂缝

（2）李家畔地面沉降

该地裂缝群（见图 6-14）位于侏罗系火烧岩区,分布在活鸡兔井田中部,原李家畔村南边,行政区划隶属于神木市大柳塔镇,坐标:110.17657E,39.271277N。矿区开采煤层为 1～2 煤,煤层厚约 8～9 m,地层产状近水平,地表出露岩性主要为侏罗系砂岩和火烧岩。地裂缝落差一般小于 1 cm,走向为近东西向,裂缝连续长度可达 100 m,最宽处约为 40 cm,局部地段伴有塌陷和沉降。

（3）地裂缝机理分析

煤层燃烧形成烧空区,原有的应力平衡状态遭到破坏,重新分配的应力集

图 6-14　李家畔地裂缝

中于火烧岩,支撑上覆岩体的重量。火烧岩岩体结构为碎裂状,岩体质量较差,在自重和上覆岩土体压力的作用下向烧空区垮落沉降(图 6-15)。

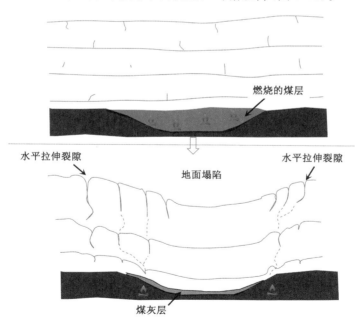

图 6-15　地裂缝形成示意图

　　由于塌陷区工程地质条件存在差异,地面发生不均匀水平移动和下沉变形,地表形成沉降盆地,并在采空区上方形成倾斜、弯曲和水平拉伸或压缩三种变形。在沉降盆地边缘至烧空区边界之间,由于地表不均匀下沉,使得地表向盆地中心呈凸型倾斜,当下沉产生的拉应力超过地表岩土的抗拉强度时,沉降塌陷边缘处出现拉应力,中间部位出现压应力。最大拉应力处形成张性地裂缝,走向具有近似平行的规律,且多与盆地边缘大致平行。

　　地裂缝一般呈直线拉裂状,宽度较小,多条出现。当弯曲应力超过火烧岩体自身强度极限时,随着沉降量的增大,地裂缝进一步发展,就会产生断裂,开裂宽度和延伸长度均较大,裂缝呈现拉裂状,形成地面塌陷。地面裂缝处进入空气,加剧了地下煤层燃烧,高温使上部岩体膨胀不均匀,进一步使地面裂缝扩大。

6.3　火烧岩区生态环境效应

6.3.1　地表植被

　　由图 6-16 可以看出,火烧岩区(包括正在燃烧的煤层)对生态环境的影响主

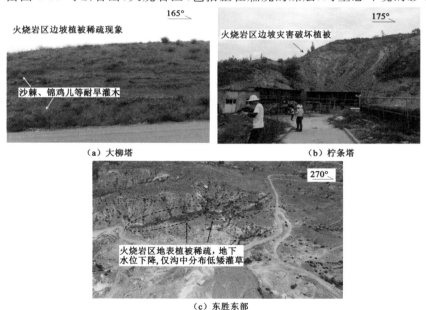

图 6-16　火烧岩区生态现状

要有火烧岩区地质灾害,地裂缝破坏地表生态;火烧岩孔隙发育导致地下水位下降或形成漏斗面使地下水储存资源枯竭,泉水干涸,河流断流,致使土壤结构变松,对植物生长产生不利影响。

鄂尔多斯盆地东北缘非火烧岩区的植被生态较好。河谷地带地下水位埋深 0.5～7 m,水位埋藏浅,水分充足,植被生态以柳树、杨树等乔木为主[图 6-17(a)]。黄土梁峁地表主要为粉质黏土,下伏延安组砂岩,地下水位埋深 15～30 m,个别地段大于 40 m,水位埋深大,植被生态则依赖降水和包气带中水分,有零散矮小的乔木、沙蒿、沙打旺和蒿草等耐旱的灌草[图 6-17(b)]。

图 6-17　非火烧岩区生态环境

火烧岩区地下水位对生态的影响可见图 6-18。火烧岩区的梁峁顶面和沟谷谷坡部位岩性以火烧岩为主,地下水位相对于非火烧岩区下降了 5.60 m 以上。在地下水位下降和泉水、沟床流水干涸的同时,泉群附近的植被生态因所处微地貌部位的差异产生不同的生态环境变化效应,影响了喜水植被的生长,仅生长少量灌草。沟谷位置出露岩性以砂岩泥岩为主,地下水位比较稳定,分布的植被仍有槐树、杨树等乔木和蒿草等耐旱灌木灌草。

6.3.2　有害气体

火烧岩区的煤层目前还存在着燃烧现象(图 6-19),煤层在燃烧过程中会释放出大量烟气和有害固体颗粒,其中有毒气体 CO 和温室气体 CO_2 最多。烟气中具有强烈刺激性的有害气体如硫氧化物和氮氧化物等,可严重污染空气,还有 SiF_4、H_2F_2、汞蒸汽、铅挥发物等微量有害气体。

图 6-18 火烧岩区地下水位对生态的影响

（a）大柳塔西部活鸡兔井田，
位于侏罗系火烧岩区

（b）黄河东岸火山村煤矿，位于
石炭-二叠系火烧岩区

图 6-19 煤层燃烧产生有害气体

6.3.3 放射性氡

利用 JCD-270 测氡仪对张家峁剖面(图 5-2)8 个采样层的岩样进行了放射性氡检测，检测结果如图 6-20 所示。

图 6-20 展示了烧变岩内氡释放速率随层位的变化关系。采样层①的氡释放速率最大，为 $5.31 \times 10^{-3} Bq/(m^3 \cdot g \cdot h)$。采样层②的氡释放速率下降较为明显，为采样层①的 52.8%。从采样层③到⑦，氡释放速率一直处于下降状态，

到采样层⑦时降到最小值,为 $0.56 \times 10^{-3}\,\mathrm{Bq/(m^3 \cdot g \cdot h)}$,较采样层①降低了 89.3%。整体上氡的释放速率随着岩石烧变程度的加深而降低。

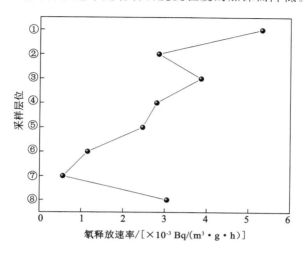

图 6-20　各采样层位岩样氡释放速率变化关系

6.4　火烧岩与煤矿水害

研究区烘烤岩、烘变岩节理、裂隙发育,岩石裂面呈张开特征,裂隙裂面中充填物少,节理密度为 5~15 条/m。总体上火烧岩岩体破碎,裂隙孔洞发育。火烧岩上覆主要为渗透性良好的第四系风积沙土,易于接受大气降水补给,成为矿井水害水源。据统计的文献(见表 6-2)和野外调查,发现榆神矿区煤层埋深浅,在矿井开发、开采过程中,易出现火烧岩水渗入、淋入,产生矿井突水等水害的概率很大,水害类型最为典型。

重点查阅和调查了榆阳区-神木-东胜侏罗系火烧岩区内矿区地下水害资料和情况,发现侏罗系火烧岩区地下水害主要分布于店塔镇、榆阳区和大柳塔矿区(图 6-21)。该区内火烧岩多为多气孔、裂隙孔洞发育型,地下水类型为萨拉乌苏组地下水,富水性好,水化学类型多为 HCO_3—Ca、HCO_3—Ca·Mg 型,矿化度 0.5 g/L 以下,多为 0.2~0.3 g/L,pH 值 7.2~7.8,渗透系数一般大于 100 m/d,最大可达 1 631.30 m/d。含水层厚度一般为 3~5 m,单孔涌水量一般为 500~1 000 m³/d,最大可达 3 191.96 m³/d。

表6-2 研究区煤矿水害部分文献列表

位置	地质特征	物理、力学特征	水文地质特征	水文地质灾害	参考文献
神木瑶镇凉水井煤矿	红色、紫色,拉裂纹纵横交错,微裂隙变形高度增加	烧变后岩体结构破坏,岩体被分解成块状或片状	涌土量20~25 m³/h	火烧岩顶板渗水产生塌落	Yuan等[173]
榆阳大河塔方家畔煤矿	砖红色、棕红色、褐红色	火烧岩孔洞裂隙发育	涌水量2.514 L/(s·m)	烧变岩含水层水位下降,影响水库补给水源	邵新风等[174]
鄂尔多斯市东胜区神山沟	火烧岩冲沟发育,河谷纵横,地下水径流畅通	岩石中颗粒破碎裂开,发生塑性变形等浅变质现象	潜水面低	煤层位于潜水面之上,易自燃	王小端[175]
神东矿区大柳塔镇	毛乌素沙漠的过渡地带,发育宽缓波状褶曲	强含水、弱含水	渗透系数一般不大于100 m/d,最大可达1 631.30 m/d	矿井涌水、烧变岩含水层漏水	孙亚军等[176]
神南矿区店塔镇	侏罗纪地层构成褶皱	岩体破碎	主要含水层是碎拉乌苏组含水层和烧变岩含水层	生态水位下降	王宏科等[177]
锦界、神木、府谷	烧变岩岩厚度一般5~15 m,最厚达50 m。主要分布在窟野河、秃尾河及其支沟两侧,明显受水系及地形控制	烧变岩冷却过程中形成收缩裂隙,宽度一般为3~50 mm,可达400 mm,裂隙率可达30%,烧变岩含水层渗透性非常好	富水性好的烧变岩含水层单井涌水量大于1 000 m³/d,最大可达3 191.96 m³/d	开采后烧变岩泉水数量衰减了93.58%,流量衰减了81.06%,发生溃沙事故	范立民等[93]
榆神府矿区	煤层埋藏浅	火烧岩岩体破碎,裂隙发育	涌水量为0.449~7.536 L/(s·m),矿化度15.38~16.5 g/L,水的化学类型为Cl-Na,Cl·SO₄-Na型	突水溃沙	段中会[178]

表 6-2(续)

位置	地质特征	物理力学特征	水文地质特征	水文地质灾害	参考文献
榆神矿区麻黄梁镇	毛乌素沙漠与黄土高原过渡地带	火烧岩层厚6.47~17.4 m,较破碎,孔洞发育	泉流量17~250.8 L/s	开采过程中矿井充水	郭守泉等[179]
张家峁煤矿	单斜构造,地表为黄土沟壑地貌	岩体结构破碎	涌水量1.769~9.981 L/(s·m),渗透率27.3~148.7 m/d	火烧岩岩层突水	苗彦平等[180]
榆神矿区一期麻黄梁镇	地处毛乌素沙漠与黄土高原过渡地带,地形起伏不大,其上多被现代风积沙覆盖,局部沟谷各地区烧变岩地层出露地表	火烧岩物探异常,可定位	烧变岩泉流量可达17.00~250.8 L/s,属极富水体	火烧岩含水层异常涌水	朱业杰等[181]
神南张家峁煤矿	红色色调为主,其次为浅黄、黄,灰白等杂色	碎裂结构	涌水量30 m³/h,最大涌水量130 m³/h	烧变岩含水层水涌入矿井	吴正飞等[182]
榆阳河兴梁井田	井田地表大部分被新近系、第四系沉积物覆盖	烧变岩潜水井液电阻率曲线ρ反应很明显	涌水量为203.78 L/s,储水量944.85×10⁶ m³	煤矿突水	王伟等[183]
榆林区黄梁镇郝家梁梁煤矿	采煤工作面未揭露断层构造,工作面煤层赋存稳定,构造简单	烧变岩含水层岩石较为破碎,大部分被隙较密集。利用瞬变电磁法得到各测线的视电阻率存在差别	涌水量34.56~41.73 m³/d,单位涌水量0.011~0.014 L/(s·m),富水层厚度6.47~17.40 m,富水性弱	火烧突水现象严重,透水溃沙	曲秋扬等[181]

表 6-2（续）

位置	地质特征	物理、力学特征	水文地质特征	水文地质灾害	参考文献
陕北张家峁煤矿	煤层埋深浅，一般不超过50 m	烧变岩棱角分明，裂隙发育，均塌后新鲜烧变岩露头呈红色，烧变岩整体以陡崖或陡坡形式耸立	水化学类型为HCO_3—Ca·Mg型，矿化度305.11～341.36 mg/L。单位涌水量为1.769～9.981 L/(s·m)	导水裂隙带向地表延伸，顶板烧变岩水涌入工作面	王碧清等[185]
神木中部店塔镇	黄土高原和毛乌素沙漠接壤地带，地形以梁峁、沟谷为主，地势整体平坦	垂向上表现为下部裂隙发育强，上部发育弱	火烧岩内大量裂隙和上覆松散含水层产生水力联系，松散层水经火烧岩裂隙向地势低洼处汇集	火烧岩上部含水层水沿火烧岩裂隙进入矿井中	闫鑫[186]
店塔镇张家峁井田	井田位于陕北斜坡带东北部	火烧岩垮塌后形成大量的裂隙空洞，最大可达30 cm，个别裂隙率高达15%	烧变岩之下为粉砂岩，隔水性能好、烧变岩区形成富水区，并有大泉出露	火烧岩导水裂隙导通地表水体，造成煤矿涌水、溃沙	闫朝坡[187]
神北矿区大柳塔至店塔镇	黄、橙黄、红及黑色。层状构造、砾状构造，气孔构造和纹状构造。未经熔融的黏土岩和页岩具有瓦片状光泽，砂岩光泽较弱；经过熔融的具有较强的陶瓷状光泽	原岩为页岩和黏土岩形成的烧变岩坚硬而性脆；原岩为砂岩形成的烧变岩结构常疏松，但砂岩经烧变岩熔融后坚硬而致密	地下水化学类型为HCO_3—Ca型，矿化度一般小于0.3 g/L	地下工程易产生涌水问题，挡水工程易产生渗漏问题	孙云博等[12]
陕西省省界	烧熔岩呈紫灰、蓝灰、灰、紫等杂色；泥岩及粉砂岩结后呈浅红色～深红色；砂岩烧变后呈浅红～暗红色	质轻而脆，岩石弹性模量增大，容重、吸水率及自然含水率普遍降低	火烧岩裂隙孔洞十分发育，容重、吸水率及自然含水率普遍降低	含水率影响边坡，易形成陡壁危岩	刘志伟[57]

表 6-2（续）

位置	地质特征	物理力学特征	水文地质特征	水文地质灾害	参考文献
榆林南牛梁井田	黄、红和紫红色为主，且由下至上颜色逐渐加深，底部具有一定的砖红色瓦状光泽	原岩为粉砂岩和泥岩的烧变岩，致密坚硬，性脆易碎；原岩为砂岩的烧变岩疏松	烧变岩含水层分布范围广，储水空间大，富水性强	火烧岩威胁 3 号煤层顶板安全。浅层水资源也将流失严重	朱颜彬[42]
店塔镇柠条塔井田	类熔岩为紫灰、锰灰等杂色；烧结岩一般呈浅红色、砖红色，锰灰色，烘烤岩一般为浅红色、浅砖红色	类熔岩裂隙气孔特别发育，表面粗糙，质地坚脆，棱角锋利；烧结岩层理清晰，灰白色泥岩、粉砂岩层理不清，质地较脆、裂隙发育，烘烤岩层理清楚，结构、构造基本不变，硬度略有增大，裂隙相对增加	吸水率较大，中性至弱碱性，水化学类型以 HCO_3-Ca 及 HCO_3-Ca·Na·Mg 型为主	任温差较大，冻融和地下替代的大气环境和地下水的作用下迅速崩解剥落，致使岩体破坏	夏玉成等[40]
榆神矿区大保当、店塔、大柳塔	类熔岩原生结构完全发生变化，多气孔，表面粗糙，裂隙、孔洞发育；烧结岩保持原生结构和层理基本不变	烧变岩裂隙和孔洞发育程度由下至上具有由强到弱的规律，裂隙率一般 5%～30%，裂隙一般 3～50 mm，孔洞直径最大可达 100 mm	地下水水化学类型多为 HCO_3-Ca，HCO_3-Ca·Mg 型，矿化度为 0.2～0.3 g/L，pH 7.2～7.8。含水层渗透系数一般大于 100 m/d	充分利用烧变岩地下水可缓解陕北基岩水资源短缺的局面	杜中宁等[2]
店塔镇柠条塔煤矿	封闭火烧区，面积约 1.45 km²，厚度约 8.42～18.65 m	烧变岩颗粒较大，容易风化，裂隙、渗透条件好	烧变岩地下水矿化度为 242～275 mg/L，水化学类型为 HCO_3-Ca 型	煤矿突水，水量稳定后达 1 200 m³/h	姬中奎[188]
大柳塔何家塔井田	烧熔岩多呈铁红色，暗色；粉砂岩烧结后一般呈浅红～棕红色，煤层底板根土岩烧结后呈乳白色；烘烤岩一般为浅砖红色，浅黄色	岩石明显铁质化，坚硬，烧结岩基本保持原生沉积结构构造特征，硬度增大；烘烤岩硬度略有增加	烧变岩裂隙含水层钻孔涌水量 1.142～7.374 L/s 单位涌水量 0.054 51～5.225 7 L/(s·m)，矿化度 0.202～0.218 g/L，水质为 HCO_3-Ca 和 HCO_3-Ca·Mg 型	易发生水害	霍勤等[189]

神北矿区火烧岩发育较多,地下水化学类型为 HCO_3—Ca 型,矿化度一般小于 0.3 g/L。类熔岩裂隙气孔特别发育,表面粗糙,吸水率较大,在温差较大、冻融交替的大气环境和地下水的作用下,岩体易崩解剥落。矿区内主要水害为涌水、突水,挡水工程易产生渗漏,地下工程易塌方。

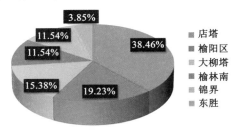

图 6-21 侏罗系火烧岩区煤矿水害占比

6.5 本章小结

(1)火烧岩岩石的强度会随着烧变程度的加深而增大,岩体的节理裂隙发育程度增强。从离散元方法模拟验证的结果可以看出,岩体结构从层状变成碎裂状,岩体的破碎程度提高,岩体质量从烘烤岩区—烘变岩区—烧结岩区—烧熔岩区依次递减。

(2)根据火烧岩的岩石和岩体特征,对研究区内典型地质灾害进行分析。研究发现研究区内火烧岩岩体质量较差,烧空区上部岩体失去支撑,在岩体内形成贯通节理面、软弱接触面等,在强降雨、冻融及地表水入渗的条件下诱发边坡失稳,产生滑坡、崩塌、地面沉降与塌陷等地质灾害,且侏罗系火烧岩区地质灾害特征更明显。

(3)火烧岩区地下水位降低,地下水储存资源枯竭,植被稀少,且侏罗系火烧岩区生态环境破坏特征更加明显。侏罗系火烧岩区和石炭-二叠系火烧岩区均存在正在燃烧煤层,产生温室气体 CO_2 和有毒气体 CO 等。对样品的氡放射性进行测试发现,随着烧变程度的增加,火烧岩氡的释放速率降低。

(4)研究区烘烤岩、烘变岩节理、裂隙发育,充填物少,岩体破碎。火烧岩上覆主要为第四系风积沙土,渗透性好,易于接受大气降水补给,成为矿井水害水源之一。因此,在矿井开发、开采过程中,出现火烧岩水害的概率很大。

7　结　　论

　　本书以鄂尔多斯盆地东北缘火烧岩为研究对象,对火烧岩分布、分区以及火烧岩分类开展研究,结合典型的火烧岩剖面特征,分析了火烧岩构造成因演化模式;对火烧岩烧变温度的识别和微观结构进行研究,基于不同层位火烧岩结构特征,提出了火烧岩的成岩模式;通过火烧岩物理力学试验,阐明了不同烧变程度火烧岩的岩体特性,分析了火烧岩区的地质灾害特征,揭示了火烧岩区生态环境效应。

　　(1) 基于火烧岩野外地质调查,探究了地层岩性、地形地貌、水文地质条件与火烧岩的关系,结合地质构造演化历史,揭示了火烧岩成因。

　　① 依据地层地貌和水文地质特征,将鄂尔多斯盆地东北缘火烧岩区划分成榆阳区-神木-东胜侏罗系火烧岩和晋陕峡谷石炭-二叠系火烧岩2个区。

　　② 印支运动晚期、燕山运动中期等多期以抬升为主的地质构造运动,与黄河及其支流水系下切剥蚀作用,使侏罗系上部煤层和石炭-二叠系煤层出露地表,煤层发生多期燃烧事件,火烧岩逐渐形成。烧变程度较深的火烧岩通常具有较强的体积磁化率和较高的硬度。

　　(2) 提出了火烧岩烧变温度识别方法,开展研究区火烧岩分类研究,分析了不同烧变程度火烧岩微观结构变化,揭示了火烧岩的成岩模式。

　　① 基于声发射热 Kaiser 效应,通过声发射能量,识别火烧岩所经历的最高烧变温度。当加热温度超过火烧岩的烧变温度时,声发射信号显著增强,累计振铃计数曲线和累计能量曲线出现明显拐点。随着高频率和高幅度的声发射事件增多,火烧岩的热声发射特征与岩石矿物成分变化和微观结构演化等岩相学分析一致。

　　② 烘烤岩与烘变岩距火源一般大于5 m,所受温度低于1 000 ℃,岩石结构构造与成分等变化较小,一般为板状、层状构造。烧结岩、烧熔岩与火源接触,所受温度高于1 000 ℃,呈角砾状、流纹状、气孔状构造;烧结岩主要为"垮落-黏

结式"和"断层-黏结式"两种成岩模式,烧熔岩主要为"接触面烧熔"和"裂隙带烧熔"两种成岩模式。

(3)通过火烧岩物理力学试验,研究了物理参数随烧变温度的变化规律,揭示了火烧岩的强度响应特征。

① 火烧岩色度会随着烧变程度的加深而呈现出偏红色系,密度降低,质量磁化率增强。与砂岩相比,火烧岩导热系数较低,水岩作用后质损率较小。从烘烤岩到烘变岩,岩石的有效孔隙增多,渗透率增大。

② 随着烧变程度的加深,火烧岩表面硬度差异性较大,整体表现为降低趋势。烘变岩抗拉强度和抗压强度相对较低,烧熔岩抗拉强度和抗压强度相对较高。

(4)对火烧岩的岩体结构特征进行分析,探讨了火烧岩区的地质灾害效应,揭示了火烧岩区生态环境效应和煤矿水害问题。

① 火烧岩岩石的强度会随着烧变程度的加深而增大,岩体的节理裂隙发育程度增强,岩体结构从层状变为碎裂状,岩体质量较差,与离散元模拟方法验证结果较一致。烧空区上部火烧岩岩体内形成贯通节理面、软弱接触面等,在强降雨、冻融及地表水入渗的条件下诱发边坡失稳、地面沉降与塌陷等地质灾害,且侏罗系火烧岩区地质灾害特征更明显。

② 火烧岩区地下水位降低和地下水储存资源枯竭,植被稀少,且侏罗系火烧岩区生态环境破坏特征更加明显。侏罗系火烧岩区和石炭-二叠系火烧岩区均存在正在燃烧煤层,产生温室气体 CO_2 和有毒气体 CO 等。

③ 研究区烘烤岩、烘变岩节理裂隙发育,岩体破碎,充填物少,上覆第四系风积沙土渗透性好,易于接受大气降水补给,成为矿井水害水源之一。因此,在矿井生产过程中,出现火烧岩水害的概率很大。

参 考 文 献

[1] 王双明.鄂尔多斯盆地构造演化规律和构造控煤分析[C]//全国矿田构造与地质找矿理论方法研讨会.2010.

[2] 杜中宁,党学亚,卢娜.陕北能源化工基地烧变岩的分布特征及水文地质意义[J].地质通报,2008,27(8):1168-1172.

[3] 金之钧,郑和荣,蔡立国,等.中国前中生代海相烃源岩发育的构造-沉积条件[J].沉积学报,2010,28(5):877-883.

[4] 王再岚,吴苏海,智颖飙,等.鄂尔多斯煤炭资源开发可持续发展研究[J].科学管理研究,2005,23(6):36-38.

[5] 王再岚,智颖飙,张东海,等.我国煤炭资源禀赋与国际储量格局分析[J].中国人口•资源与环境,2010,20(增刊1):318-320.

[6] 晋香兰.鄂尔多斯盆地侏罗系低煤级煤层气系统研究[D].北京:煤炭科学研究总院,2012.

[7] 张渝,胡社荣,彭纪超,等.中国北方煤层自燃产物分类及宏观模型[J].煤炭学报,2016,41(7):1798-1805.

[8] 王双明.鄂尔多斯盆地构造演化和构造控煤作用[J].地质通报,2011,30(4):544-552.

[9] 邓军,徐精彩,陈晓坤.煤自燃机理及预测理论研究进展[J].辽宁工程技术大学学报,2003,22(4):455-459.

[10] 孙云博.神华神木引水隧洞火烧岩的工程地质特性及工程地质问题[J].地下水,2004,26(2):149.

[11] 范立民.论陕北煤炭资源的适度开发问题[J].中国煤田地质,2004,16(2):5-7.

[12] 孙云博,孙文植,焦振华.陕北烧变岩的工程地质特征[J].三峡大学学报(自然科学版),2019,41(增刊1):71-73.

[13] 时志强,王美玲,陈彬.中国北方烧变岩的分布、特征及研究意义[J].古地理学报,2021,23(6):1067-1081.

[14] 王念秦,王永锋,王得楷.甘肃矿山生态地质环境现状综合评价分区研究[J].水土保持研究,2009,16(5):225-228.

[15] 张跃恒,李斌,王一霖,等.大柳塔煤矿活鸡兔井束鸡沟小窑延安组烧变岩地质特征及地质灾害防治[J].中国煤炭地质,2020,32(10):47-54.

[16] 刘鹏.煤火区烧变岩火山灰活性及浆液流变性能研究[D].徐州:中国矿业大学,2020.

[17] 侯恩科,张萌,孙学阳,等.浅埋煤层开采覆岩破坏与导水裂隙带发育高度研究[J].煤炭工程,2021,53(11):102-107.

[18] VAN GENDEREN J L. Coal and peat fires: a global perspective: Volume 1: Coal-geology and combustion[J]. International journal of digital earth, 2011(5): 458-459.

[19] GLASS G B. Wyoming's Powder River Basin——Geology and geography of the nation's largest coal field[J]. Fuel and energy abstracts, 1995, 36 (3):173.

[20] SEVERDING W H, PENCE T C. Geology and reservoir characteristics of Moran field, Powder River basin, Wyoming [J]. Am Assoc Pet Geol, Bull: (United States),1986,70(8):1055-1056.

[21] OPARIN V N,CHESKIDOV V I,BOBYL'SKY A S,et al. The sound subsoil management in surface coal mining in terms of the Kansk-Achinsk coal basin[J]. Journal of mining science,2012,48(3):585-594.

[22] KRUK N N,PLOTNIKOV A V,VLADIMIROV A G,et al. Geochemistry and geodynamic conditions of the trap rock formation in the Kuznetsk Basin [J]. Doklady earth sciences,1999,369:1387-1390.

[23] RADAN S C, MARIA R. Rock magnetism and paleomagnetism of porcelanites/clinkers from the western Dacic Basin (Romania) [J]. Geologica carpathica, 1998, 49(3): 209-211.

[24] LOUGHNAN F C, ROBERTS F I. The natural conversion of ordered kaolinite to halloysite (10 Å) at Burning Mountain near Wingen, New South Wales [J]. American mineralogist, 1981, 66(9-10): 997-1005.

[25] SINGH T N,PRADHAN S P,VISHAL V. Stability of slopes in a fire-prone mine in Jharia Coalfield,India[J]. Arabian journal of geosciences,

2013,6(2):419-427.

[26] VAN EIJK P,LEENMAN P,WIBISONO I T C,et al. Regeneration and restoration of degraded peat swamp forest in Berbak NP,Jambi,Sumatra, Indonesia[J]. Malayan nature journal,2009,61(3):223-241.

[27] NOVIKOVA S A,MURZINTSEV N G,TRAVIN A V,et al. A new approach to ^{40}Ar/^{39}Ar dating of combustion events:a case study from the late Pleistocene coal fires in goose lake depression (Transbaikalia)[J]. Doklady earth sciences,2018,483(2):1567-1570.

[28] SHARYGIN V V,SOKOL E V,BELAKOVSKII D I. Fayalite-sekaninaite paralava from the Ravat coal fire (central Tajikistan)[J]. Russian geology and geophysics,2009,50(8):703-721.

[29] ÖTTL H,ROTH A,VOIGT S,et al. Spaceborne remote sensing for detection and impact assessment of coal fires in North China[J]. Acta astronautica,2002,51(1/2/3/4/5/6/7/8/9):569-578.

[30] 令伟伟.准噶尔盆地东部火烧山地区平地泉组方沸石特征及成因分析[D].西安:西北大学,2017.

[31] 李旭.准噶尔盆地火烧山地区平地泉组凝灰质烃源岩初步研究[D].西安: 西北大学,2016.

[32] 黄雷.鄂尔多斯盆地北部延安组烧变岩特征及其形成环境[D].西安:西北大学,2008.

[33] 黄雷,刘池洋.鄂尔多斯盆地北部地区延安组煤层自燃烧变产物及其特征[J].地质学报,2014,88(9):1753-1761.

[34] 杨伟.某烧变岩场地的工程特性分析[J].内蒙古煤炭经济,2017(14): 157-158.

[35] 赵宇,闫飞.霍林河一、二号露天区烧变岩的形成[J].煤炭技术,2005,24 (4):99-100.

[36] 李明星.塔里木盆地北缘侏罗系烧变岩富水性精细探测[J].煤矿开采, 2018,23(5):15-17.

[37] 业渝光,蒋炳南.塔里木盆地库车河烧变岩的形成年龄[J].海洋地质与第四纪地质,1998,18(4):116-120.

[38] 韩冬梅,曹国亮,宋献方.新疆大南湖煤田烧变岩水文地质参数研究[J].工程勘察,2015,43(11):32-38.

[39] 杨时元,许绍群,杨芳洁.新疆烧变岩开发天然轻集料初探[J].砖瓦世界,

2008(10):41-42.

[40] 夏斐,关汝清,魏捐鹏.柠条塔井田烧变岩的地质特征[J].陕西煤炭,2008, 27(2):7-10.

[41] 贾文凯,梁小山,张萌.李家沟煤矿烧变岩的分布规律研究及其水文地质意义[J].科学技术创新,2018(10):13-14.

[42] 朱颜彬.浅埋煤层区烧变岩水文地质特征研究[J].煤炭与化工,2019,42(8):57-59.

[43] 西顿.火烧岩[M].刘勇军,徐娟,译.北京:现代出版社,2015.

[44] CHEN B, WANG Y, FRANCESCHI M, et al. Petrography, mineralogy and geochemistry of combustion metamorphic rocks in northeastern Ordos Basin, China: Implications for the origin of the "white sandstone"[J]. Minerals, 2020,10,1086,doi:10.3390/MIN10121086.

[45] 巩泊.火烧岩煤层的物性特征[J].煤田地质与勘探,1987,15(6):52-55.

[46] HEFFERN E L, COATES D A. Geologic history of natural coal-bed fires, Powder River Basin, USA[J]. International journal of coal geology, 2004,59(1/2):25-47.

[47] MASALEHDANI M N N, BLACK P M, KOBE H W. Mineralogy and petrography of iron-rich slags and paralavas formed by spontaneous coal combustion, Rotowaro coalfield, North Island, New Zealand[J]. Reviews in engineering geology,2007:117-131.

[48] POPOV Y, BEARDSMORE G, CLAUSER C, et al. ISRM suggested methods for determining thermal properties of rocks from laboratory tests at atmospheric pressure[J]. Rock mechanics and rock engineering, 2016,49(10):4179-4207.

[49] SÝKOROVÁ I, KŘÍBEK B, HAVELCOVÁ M, et al. Hydrocarbon condensates and argillites in the Eliška Mine burnt coal waste heap of the Žacléř coal district (Czech Republic):products of high-and low-temperature stages of self-ignition[J]. International journal of coal geology, 2018,190:146-165.

[50] 刘志坚.论烧变岩的特征、成因及地下火燃烧的规律性[J].地质论评, 1959,5(5):209-211.

[51] FOIT F F, HOOPER R L, ROSENBERG P E. An unusual pyroxene,

melilite, and iron oxide mineral assemblage in a coal-fire buchite from Buffalo, Wyoming [J]. American mineralogist, 1987, 72(1-2):137-147.

[52] COSCA M A, ESSENE E J, GEISSMAN J W, et al. Pyrometamorphic rocks associated with naturally burned coal beds, Powder River Basin, Wyoming [J]. American mineralogist, 1989, 74(1-2):85-100.

[53] SOKOL E V, VOLKOVA N I, LEPEZIN G G. Mineralogy of pyrometamorphic rocks associated with naturally burned coal-bearing spoil-heaps of the Chelyabinsk coal basin, Russia [J]. European journal of mineralogy, 1998, 10(5):1003-1014.

[54] 王志宇,史波波,刘鹏.煤田火区烧变岩成岩机理与利用[J].科学技术与工程,2020,20(15):6004-6010.

[55] 王双明,李锋莉,佟英梅. 鄂尔多斯盆地含煤地层延安组孢粉组合及其地质意义[J].中国煤田地质,1997,9(1):25-29.

[56] 孙家齐,马瑞士,舒良树.新疆乌鲁木齐煤田自燃烧变岩岩石特征[J].南京建筑工程学院学报(自然科学版),2001(4):15-19.

[57] 刘志伟.陕北地区烧变岩的地质特性与工程性能分析[J].电力勘测设计,2005(2):27-30.

[58] 陈练武,冯富成.陕西神府煤田新民区煤层自燃及其烧变特征[J].西安矿业学院学报,1991,11(3):53-58.

[59] 黄雷,刘池洋.烧变岩岩石学及稀土元素地球化学特征[J].地球科学,2008,33(4):515-522.

[60] YAVUZ H, DEMIRDAG S, CARAN S. Thermal effect on the physical properties of carbonate rocks[J]. International journal of rock mechanics and mining sciences, 2010, 47(1):94-103.

[61] 杜池庆.陕西大柳塔地区烧变岩工程特性研究[J].地质勘察技术,2016,13:156.

[62] 吴杨,梁冰,夏冬,等.白砺滩露天矿二采区烧变岩边坡稳定性研究[J].煤矿安全,2019,50(2):237-240.

[63] 王振华,阎旭亮,贺粉萍,等.杨伙盘煤矿烧变岩及其对工作面布设的影响[J].地下水,2014,36(5):262-263.

[64] 韩树青.陕北萨拉乌苏组的地下水[J].煤田地质与勘探,1989,17(1):45-46.

[65] DRAGOVICH D. Fire-accelerated boulder weathering in the pilbara,

western Australia [J]. Zeitschrift für geomorphologie, 1993, 37 (3): 295-307.

[66] 牛建国. 神府矿区活鸡兔矿井烧变岩水文地质特征[J]. 煤田地质与勘探, 2001,29(1):37-39.

[67] DENG J, REN S J, XIAO Y, et al. Thermal properties of coals with different metamorphic levels in air atmosphere[J]. Applied thermal engineering,2018,143:542-549.

[68] DE BOER C B, DEKKERS M J, VAN HOOF T A M. Rock-magnetic properties of TRM carrying baked and molten rocks straddling burnt coal seams [J]. Physics of the earth and planetary interiors, 2001, 126(1/2): 93-108.

[69] 赵德乾,王振伟,赵雪,等. 烧变岩剪切特性试验研究[J]. 露天采矿技术, 2013,28(9):5-7.

[70] 姜建海. 神木北部矿区烧变岩水文地质特征[J]. 中国煤田地质, 1990, 2(3):59.

[71] 陈凯,王文科,商跃瀚,等. 生态脆弱矿区烧变岩研究现状及展望[J]. 中国矿业,2020,29(3):171-176.

[72] 李仁伟. 神木市地质环境承载力评价研究[D]. 西安:西安科技大学,2020.

[73] 徐友宁,李智佩,陈华清,等. 生态环境脆弱区煤炭资源开发诱发的环境地质问题:以陕西省神木县大柳塔煤矿区为例[J]. 地质通报,2008,27(8): 1344-1350.

[74] 王德潜,刘祖植,尹立河. 鄂尔多斯盆地水文地质特征及地下水系统分析 [J]. 第四纪研究,2005,25(1):6-14.

[75] 范立民. 生态脆弱区烧变岩研究现状及方向[J]. 西北地质,2010,43(3): 57-65.

[76] 杨磊. 陕北煤矿沉陷区边坡土壤因子分析及质量评价[D]. 西安:西安科技大学,2019.

[77] 王艳伟. 鄂尔多斯内蒙能源基地水体、植被演化特征[D]. 北京:中国地质大学(北京),2009.

[78] 高毅平,汤国安,周毅,等. 陕北黄土地貌正负地形坡度组合研究[J]. 南京师大学报(自然科学版),2009,32(2):135-140.

[79] 康博文,刘建军,孙建华,等. 陕北毛乌素沙漠黑沙蒿根系分布特征研究 [J]. 水土保持研究,2010,17(4):119-123.

[80] 宋志杰.内蒙古自治区鄂尔多斯市东胜国家规划矿区万利川核查区煤炭资源储量核查报告[R].内蒙古自治区煤田地质局,2010.

[81] 刘杰."印支运动"对鄂尔多斯地区构造应力的影响分析[J].科技信息,2013(9):429-430.

[82] 赵越,徐刚,张拴宏,等.燕山运动与东亚构造体制的转变[J].地学前缘,2004,11(3):319-328.

[83] 陈国达."燕山运动"的历史意义[J].大地构造与成矿学,1992,16(2):111-112.

[84] 贾承造,何登发,陆洁民.中国喜马拉雅运动的期次及其动力学背景[J].石油与天然气地质,2004,25(2):121-125,169.

[85] 铁连军,李恒娟,李旭日,等.试论鄂尔多斯盆地地层划分与对比[J].石化技术,2015,22(3):115.

[86] 刘大锰,杨起,汤达祯.鄂尔多斯盆地煤的灰分和硫、磷、氯含量研究[J].地学前缘,1999,6(增刊1):53-59.

[87] 杨俊杰.鄂尔多斯盆地构造演化与油气分布规律[M].北京:石油工业出版社,2002.

[88] 王明健,何登发,包洪平,等.鄂尔多斯盆地伊盟隆起上古生界天然气成藏条件[J].石油勘探与开发,2011,38(1):30-39.

[89] 赵靖舟,王永东,孟祥振,等.鄂尔多斯盆地陕北斜坡东部三叠系长2油藏分布规律[J].石油勘探与开发,2007,34(1):23-27.

[90] 李榕,米磊,刘卫丽,等.晋西挠褶带南部地区上古生界天然气成藏特征[J].石油地质与工程,2021,35(5):7-12.

[91] 李云峰,李金荣,侯光才,等.从水文地球化学角度研究鄂尔多斯盆地南区白垩系地下水的排泄途径[J].西北地质,2004,37(3):91-95.

[92] 范立民.神府矿区活鸡兔井田烧变岩地下水资源初步评价[J].陕西煤炭技术,1996,15(1):14-16.

[93] 范立民,贺卫中,彭捷,等.高强度煤炭开采对烧变岩泉的影响[J].煤炭科学技术,2017,45(7):127-131.

[94] 范立民,仵拨云,向茂西,等.我国西部保水采煤区受保护烧变岩含水层研究[J].煤炭科学技术,2016,44(8):1-6.

[95] 侯恩科,童仁剑,冯洁,等.烧变岩富水特征与采动水量损失预计[J].煤炭学报,2017,42(1):175-182.

[96] 刘晓玲,魏奥林,王毅,等.浅析陕北煤矿矿区地质灾害发育特征及其成灾

过程[J].中国地质灾害与防治学报,2016,27(4):70-73.

[97] 祝善友,韩作振,张光超.煤田火区烧变岩光谱特征分析及其信息提取[J].国土资源遥感,2003,56(2):55-58.

[98] 蒋泽泉.榆神府矿区烧变岩及地下水资源特征[J].陕西煤炭,2005,24(4):21-22,17.

[99] 谷德振.岩体工程地质力学基础[M].北京:科学出版社,1979.

[100] 张倬元,王士天,王兰生.工程地质分析原理[M].北京:地质出版社,1981.

[101] ČERNÝ J,MELICHAR R,VŠIANSKÝ D,et al. Magnetic anisotropy of rocks:a new classification of inverse magnetic fabrics to help geological interpretations[J]. Journal of geophysical research:solid earth,2020,125 (11),doi. org/10. 1029/2020JB020426.

[102] 邓晋福,赵国春,赵海玲,等.中国东部燕山期火成岩构造组合与造山-深部过程[J].地质论评,2000,46(1):41-48.

[103] 兰昌益.对海相成煤的浅说[J].淮南矿业学院学报,1982,2(1):82-84.

[104] 韩杰,周建波,张兴洲,等.内蒙古林西地区上二叠统林西组砂岩碎屑锆石的年龄及其大地构造意义[J].地质通报,2011,30(增刊1):258-269.

[105] 赵国春.华北克拉通基底主要构造单元变质作用演化及其若干问题讨论[J].岩石学报,2009,25(8):1772-1792.

[106] 汪啸风,陈孝红.中国各地质时代地层划分与对比[M].北京:地质出版社,2005.

[107] 邓起东,张培震,冉勇康,等.中国活动构造基本特征[J].中国科学(D辑:地球科学),2002,32(12):1020-1030,1057.

[108] 时志强,杨小康,王艳艳,等.含煤盆地表生热液铀成矿理论及证据:以伊犁盆地南缘及鄂尔多斯盆地东北部侏罗系为例[J].成都理工大学学报(自然科学版),2016,43(6):703-718.

[109] 岳乐平,李建星,郑国璋,等.鄂尔多斯高原演化及环境效应[J].中国科学(D辑:地球科学),2007,37(增刊1):16-22.

[110] 邓晋福,苏尚国,刘翠,等.关于华北克拉通燕山期岩石圈减薄的机制与过程的讨论:是拆沉,还是热侵蚀和化学交代?[J].地学前缘,2006,13(2):105-119.

[111] DONG S W,ZHANG Y Q,LONG C X,et al. Jurassic tectonic revolution

in China and new interpretation of the "Yanshan movement"[J]. Acta geologica sinica-english edition,2010,82(2):334-347.

[112] ZHANG H,ZHANG Y,CAI X,et al. The triggering of Yanshan movement: Yanshan event [J]. Acta geologica sinica, 2013, 87 (12): 1779-1790.

[113] 代世峰,任德贻,李生盛,等. 鄂尔多斯盆地东北缘准格尔煤田煤中超常富集勃姆石的发现[J]. 地质学报,2006,80(2):294-300,315-316.

[114] SINVHAL H,AGRAWAL P N,KING G C P,et al. Interpretation of measured movement at a Himalayan (nahan) thrust[J]. Geophysical journal international,1973,34(2):203-210.

[115] 赵白. 燕山、喜马拉雅构造运动在准噶尔盆地油气运聚中的作用[J]. 新疆石油地质,2004,25(5):468-470.

[116] 任延广,陈均亮,冯志强,等. 喜山运动对松辽盆地含油气系统的影响[J]. 石油与天然气地质,2004,25(2):185-190.

[117] 程绍平,邓起东,李传友,等. 流水下切的动力学机制、物理侵蚀过程和影响因素:评述和展望[J]. 第四纪研究,2004,24(4):421-429.

[118] 席道瑛,陈林,张涛. 砂岩的变形各向异性[J]. 岩石力学与工程学报,1995,14(1):49-58.

[119] 席道瑛,程经毅,黄建华. 声发射在研究岩石古温度中的应用[J]. 中国科学技术大学学报,1996,26(1):97-101.

[120] GE Z L,SUN Q. Acoustic emission characteristics of gabbro after microwave heating[J]. International journal of rock mechanics and mining sciences,2021,138:104616.

[121] GE Z L,SUN Q,XUE L,et al. The influence of microwave treatment on the mode I fracture toughness of granite[J]. Engineering fracture mechanics,2021,249:107768.

[122] FARHIDZADEH A,SALAMONE S,LUNA B,et al. Acoustic emission monitoring of a reinforced concrete shear wall by b-value-based outlier analysis[J]. Structural health monitoring,2013,12(1):3-13.

[123] KERSTEN S. Integrated physiology and systems biology of PPARα[J]. Molecular metabolism,2014,3(4):354-371.

[124] 邓琼伟,杨录胜,刘正和,等. 水平应力差对砂岩起裂破坏规律的声发射试验研究[J]. 矿业研究与开发,2018,38(12):72-76.

[125] 葛振龙,孙强,王苗苗,等.基于 RA/AF 的高温后砂岩破裂特征识别研究[J].煤田地质与勘探,2021,49(2):176-183.

[126] 戎虎仁,白海波,王占盛.不同温度后红砂岩力学性质及微观结构变化规律试验研究[J].岩土力学,2015,36(2):463-469.

[127] 赵亚永,魏凯,周佳庆,等.三类岩石热损伤力学特性的试验研究与细观力学分析[J].岩石力学与工程学报,2017,36(1):142-151.

[128] 苏海健,靖洪文,赵洪辉,等.高温处理后红砂岩抗拉强度及其尺寸效应研究[J].岩石力学与工程学报,2015,34(S1):2879-2887.

[129] 尚桂林,蒋新民,刘大民.神木北部侏罗纪煤层自燃因素及其烧变特征[J].中国煤田地质,1990,2(1):25-29.

[130] 侯恩科,陈培亨.神府煤田煤层自燃研究[J].西安矿业学院学报,1993,13(2):137-142.

[131] ZHANG H,SUN Q,JIA H L,et al. Effects of high-temperature thermal treatment on the porosity of red sandstone:an NMR analysis[J]. Acta geophysica,2021,69(1):113-124.

[132] MAMTANI M A,CHAKRABORTY R,BISWAS S,et al. SEM-EBSD analysis of broad ion beam polished rock thin sections—the MFAL protocol[J]. Journal of the geological society of India, 2020, 95 (4): 337-342.

[133] 孔立,戴霜,刘学,等.六盘山群火石寨剖面沉积物色度纪录的 128.10～115.30 Ma 气候变化[J].兰州大学学报(自然科学版),2010,46(5):44-49.

[134] 董志浩.煤炭地下气化覆岩高温损伤与评估研究[D].徐州:中国矿业大学,2020.

[135] YANG T,SUN Q,LI D L,et al. Study on the change of physical properties of Organic-rich shale after heat treatment[J]. Journal of thermal analysis and calorimetry,2022,147(11):6507-6517.

[136] 徐琛琛.烧变作用下砂岩的物理特性研究[D].徐州:中国矿业大学,2019.

[137] KENNEDY M. Petrophysical properties[M]//Developments in Petroleum Science. Amsterdam:Elsevier,2015:21-72.

[138] LEE S. Near surface electrical characterization of hydraulic conductivity:from petrophysical properties to aquifer geometries—A review[J].

Surveys in geophysics,2007,28(2/3):169-197.

[139] YANG Y L,APLIN A C. Permeability and petrophysical properties of 30 natural mudstones[J]. Journal of geophysical research atmospheres, 2007,112(B3):B03206.

[140] WANG S F,SUN Q,WANG N Q,et al. High-temperature response characteristics of loess porosity and strength[J]. Environmental earth sciences,2021,80(17):1-11.

[141] YAN J P,HE X,ZHANG S L,et al. Sensitive parameters of NMR T2 spectrum and their application to pore structure characterization and evaluation in logging profile:a case study from Chang 7 in the Yanchang Formation,Heshui area,Ordos Basin,NW China[J]. Marine and petroleum geology,2020,111:230-239.

[142] LI X A,LI L C. Quantification of the pore structures of Malan loess and the effects on loess permeability and environmental significance,Shaanxi Province,China:an experimental study[J]. Environmental earth sciences,2017,76(15):1-14.

[143] PERKINS E L,LOWE J P,EDLER K J,et al. Determination of the percolation properties and pore connectivity for mesoporous solids using NMR cryodiffusometry[J]. Chemical engineering science,2008,63(7): 1929-1940.

[144] ZHANG H T,LI G R,GUO H P,et al. Applications of nuclear magnetic resonance (NMR) logging in tight sandstone reservoir pore structure characterization[J]. Arabian journal of geosciences,2020,13:1-8.

[145] KUANG Y M,ZHANG L X,SONG Y C,et al. Quantitative determination of pore-structure change and permeability estimation under hydrate phase transition by NMR[J]. AIChE journal,2020,66(4), doi. org/10. 1002/aic. 16859.

[146] YANG L,WANG S,JIANG Q P,et al. Effects of microstructure and rock mineralogy on movable fluid saturation in tight reservoirs[J]. Energy & fuels,2020,34(11):14515-14526.

[147] ZHANG X,WEI B,YOU J Y,et al. Characterizing pore-level oil mobilization processes in unconventional reservoirs assisted by state-of-the-art nuclear magnetic resonance technique[J]. Energy,2021,236:121549.

[148] WANG S F, SUN Q, WANG N Q, et al. Variation in the dielectric constant of limestone with temperature[J]. Bulletin of engineering geology and the environment, 2020, 79(3):1349-1355.

[149] GAO G H, CAO J, HU K, et al. Application of nuclear magnetic resonance (NMR) spectroscopy to lacustrine kerogen geochemistry: Paleogene Dongpu sag, China[J]. Energy & fuels, 2021, 35(2):1234-1247.

[150] DEVREUX F, BOILOT J P, CHAPUT F, et al. NMR determination of the fractal dimension in silica aerogels[J]. Physical review letters, 1990, 65(5):614-617.

[151] XIE W B, YIN Q L, WANG G W, et al. Variable dimension fractal-based conversion method between the nuclear magnetic resonance T_2 spectrum and capillary pressure curve[J]. Energy & fuels, 2021, 35(1):351-357.

[152] 肖亮, 肖忠祥. 核磁共振测井 $T_{2cutoff}$ 确定方法及适用性分析[J]. 地球物理学进展, 2008, 23(1):167-172.

[153] 闫子旺, 张红玲, 周晓峰, 等. 鄂尔多斯盆地西南部长8超低渗透砂岩核磁共振 T_2 截止值研究[J]. 石油地质与工程, 2015, 29(5):128-131.

[154] GARUM M, GLOVER P W J, LORINCZI P, et al. Micro- and nano-scale pore structure in gas shale using Xμ-CT and FIB-SEM techniques [J]. Energy & fuels, 2020, 34(10):12340-12353.

[155] ZHAO Y X, ZHU G P, DONG Y H, et al. Comparison of low-field NMR and microfocus X-ray computed tomography in fractal characterization of pores in artificial cores[J]. Fuel, 2017, 210:217-226.

[156] FAZIO M, IBEMESI P, BENSON P, et al. The role of rock matrix permeability in controlling hydraulic fracturing in sandstones[J]. Rock mechanics and rock engineering, 2021, 54(10):5269-5294.

[157] ZHANG L R, SCHOLTÈS L, DONZÉ F V. Discrete element modeling of permeability evolution during progressive failure of a low-permeable rock under triaxial compression[J]. Rock mechanics and rock engineering, 2021, 54(12):6351-6372.

[158] WANG S F, SUN Q, WANG N Q, et al. Responses of the magnetic susceptibility and chromaticity of loess to temperature in a coal fire area [J]. Acta geodaetica et geophysica, 2021, 56(3):425-437.

[159] 祁瑞军, 唐海燕, 周越. 磁法勘探在确定煤田火烧区域的应用[J]. 内蒙古

煤炭经济,2012(1):19-20.

[160] IOSIF STYLIANOU I,TASSOU S,CHRISTODOULIDES P,et al. Measurement and analysis of thermal properties of rocks for the compil-ation of geothermal maps of Cyprus[J]. Renewable energy,2016,88(3): 418-429.

[161] ZHOU M L,LI J L,LUO Z S,et al. Impact of water-rock interaction on the pore structures of red-bed soft rock[J]. Scientific reports,2021, 11:7398.

[162] WANG Q M,HU Q H,LARSEN C,et al. Microfracture-pore structure characterization and water-rock interaction in three lithofacies of the Lower Eagle Ford Formation [J]. Engineering geology, 2021, 292:106276.

[163] 中华人民共和国住房和城乡建设部. 工程岩体试验方法标准:GB/T 50266—2013[S]. 北京:中国计划出版社,2013.

[164] ZHAO Y X,LIU B. Deformation field and acoustic emission characteris-tics of weakly cemented rock under Brazilian splitting test[J]. Natural resources research,2021,30(2):1925-1939.

[165] LI S X,XIE Q,LIU X L,et al. Study on the acoustic emission character-istics of different rock types and its fracture mechanism in Brazilian splitting test[J]. Frontiers in physics,2021,9:591651.

[166] ZHOU S W,ZHUANG X Y,ZHOU J M,et al. Phase field characteriza-tion of rock fractures in Brazilian splitting test specimens containing voids and inclusions[J]. International journal of geomechanics,2021,21 (3):04021006.

[167] REN M H,ZHAO G S. Prediction of compressive strength of the welded matrix-rock mixture by meso-inclusion theory[J]. International journal of rock mechanics and mining sciences,2021,139:104612.

[168] DAVARPANAH S M,SHARGHI M,TARIFARD A,et al. The brittle-ductile transition stress of different rock types and its relationship with uniaxial compressive strength and hoek-brown material constant（mi）[J/OL]. Essoar,2021. https://www. essoar. org/doi/10. 1002/essoar. 10506751. 1.

[169] LIU E Y,LIU F C,XIONG Y W,et al. Study on the effect of precrack

on specimen failure characteristics under static and dynamic loads by Brazilian split test[J]. Mathematical problems in engineering, 2021, 2021:1-8.

[170] XUE J H, CHEN Z H, LI Y H, et al. Failure characteristics of coal-rock combined bodies based on acoustic emission signals[J]. Arabian journal of geosciences, 2022, 15(2):1-10.

[171] CHEN D L, LIU X L, HE W, et al. Effect of attenuation on amplitude distribution and b value in rock acoustic emission tests[J]. Geophysical journal international, 2021, 229(2):933-947.

[172] TANG J H, CHEN X D, DAI F. Experimental study on the crack propagation and acoustic emission characteristics of notched rock beams under post-peak cyclic loading[J]. Engineering fracture mechanics, 2020, 226:106890.

[173] YUAN Y, LIU Z H, ZHU C, et al. The effect of burnt rock on inclined shaft in shallow coal seam and its control technology[J]. Energy science & engineering, 2019, 7(5):1882-1895.

[174] 邵新风, 宋一民, 王少峰, 等. 方家畔煤矿开采对香水水库影响分析及应对措施研究[C]//煤炭绿色开发地质保障技术研究:陕西省煤炭学会学术年会(2019)暨第三届"绿色勘查科技论坛", 2019.

[175] 王小端. 东胜神山沟烧变岩:从干旱到湿润气候变化的反映?[D]. 成都:成都理工大学, 2019.

[176] 孙亚军, 张梦飞, 高尚, 等. 典型高强度开采矿区保水采煤关键技术与实践[J]. 煤炭学报, 2017, 42(1):56-65.

[177] 王宏科, 蒋泽泉. 神南矿区地下水资源及采煤影响分析[J]. 陕西煤炭, 2011, 30(5):1-4.

[178] 段中会. 榆神府矿区煤矿水害及其防治研究[J]. 中国煤田地质, 1998(增刊1):60-61.

[179] 郭守泉, 宋业杰. 榆神矿区浅埋煤层多重水体下大采高综采水害影响评价[J]. 煤矿开采, 2018, 23(6):117-121.

[180] 苗彦平, 姬中奎, 李军, 等. 待采工作面上覆烧变岩注浆帷幕建造技术[J]. 煤矿安全, 2019, 50(7):108-111.

[181] 宋业杰, 甘志超. 榆神矿区烧变岩水害防治技术[J]. 煤矿安全, 2019, 50(8):92-96,99.

［182］吴正飞,邢修举,代凤强.综采工作面顶板上覆烧变岩富水性的精细探测研究［J］.能源与环保,2018,40(5):140-143.

［183］王伟,王少锋.河兴梁井田保水采煤方法浅析［J］.陕西水利,2019(7):124-125.

［184］曲秋扬,张亮.超大采高工作面顶板基岩含水层富水性探测与处理技术［J］.中国煤炭,2018,44(12):25-29.

［185］王碧清,姬中奎,郑永飞,等.火烧区完整烧变岩断面的帷幕注浆技术［J］.煤炭技术,2019,38(4):99-102.

［186］闫鑫.神南矿区烧变岩水防治方法探讨［J］.内蒙古煤炭经济,2018(17):50.

［187］闫朝波.张家峁煤矿煤层顶板涌(突)水危险性分区预测研究［D］.西安:西安科技大学,2013.

［188］姬中奎.柠条塔矿 S1210 工作面突水条件分析［J］.煤矿安全,2014,45(8):188-191.

［189］翟勤,王英,姬亚东.何家塔井田烧变岩水赋存特征及其防治［J］.煤炭技术,2017,36(12):156-158.